季節風情掛飾 ⋯ Page 2

妝點房間的掛飾 ⋯ Page 20

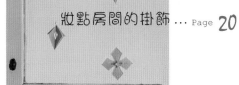

目錄

小孩房的掛飾 ⋯ Page 24

嬰兒房的掛飾 ⋯ Page 30

作品製作的基本技巧 ⋯⋯ Page 33
各作品的作法 ⋯⋯ Page 34

女兒節人偶、男孩節鯉魚旗，還有耶誕節、新年等主題……。
這個單元裡介紹的掛飾既溫馨又可愛，全都是配合季節和節慶所製作而成。

1 女兒節人偶環狀掛飾

可愛的皇后與天皇人偶，再加上桃花、燈籠、菱形年糕，看起來熱鬧非凡。
圓環形狀的掛飾，無論從哪個角度欣賞都非常可愛，
所以在裝飾的時候，也完全不需要在意角度，真令人開心。

作法

34頁

設計・製作／AOKIYUMIKO

天皇陛下

皇后陛下

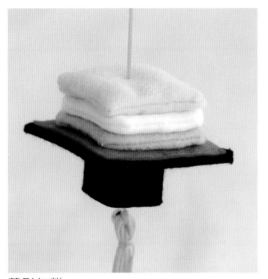

菱形年糕

桃花

背面

桃花花苞

桃花花苞

燈籠

作法
40
頁

設計・製作／北向邦子

2 女兒節掛飾

桃花、草莓、三角形、小雞、草履，再加上皇后及天皇陛下，分別串成兩串。
這兩串為一組的掛飾，顯得十分多彩多姿。

3 女兒節花圈

把作品2的長串掛飾改成花圈的形式，
即使構成的圖案完全相同，只要組合方式一改，
整個作品的氛圍也隨之改變。
可依照場所的需要，製作適合的款式。

作法

42頁

設計・製作／北向邦子

4 鯉魚旗環狀掛飾

在日本，五月五日端午節是祈求男孩健康成長的節日。
就讓我們懸掛起鯉魚旗和武將的頭盔，一起慶祝這節日的到來吧。

設計・製作／AOKIYUMIKO

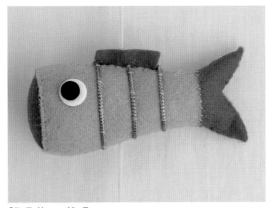

鯉魚旗・藍色

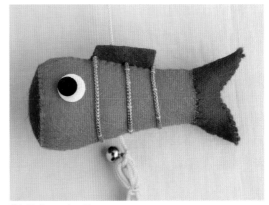

鯉魚旗・紅色

武將頭盔

米袋

風車

斧頭

背面

金太郎

5 炎夏掛飾

套上游泳圈，享受一場輕輕漂浮於水面的海水浴，或是在沙灘上玩起剖西瓜。
坐上帆船遨遊去，說不定還能看見海豚或魚群！
讓這些具有海邊意象的掛飾，伴你快樂地度過炎炎夏日。

掛鈎＝AWABEES

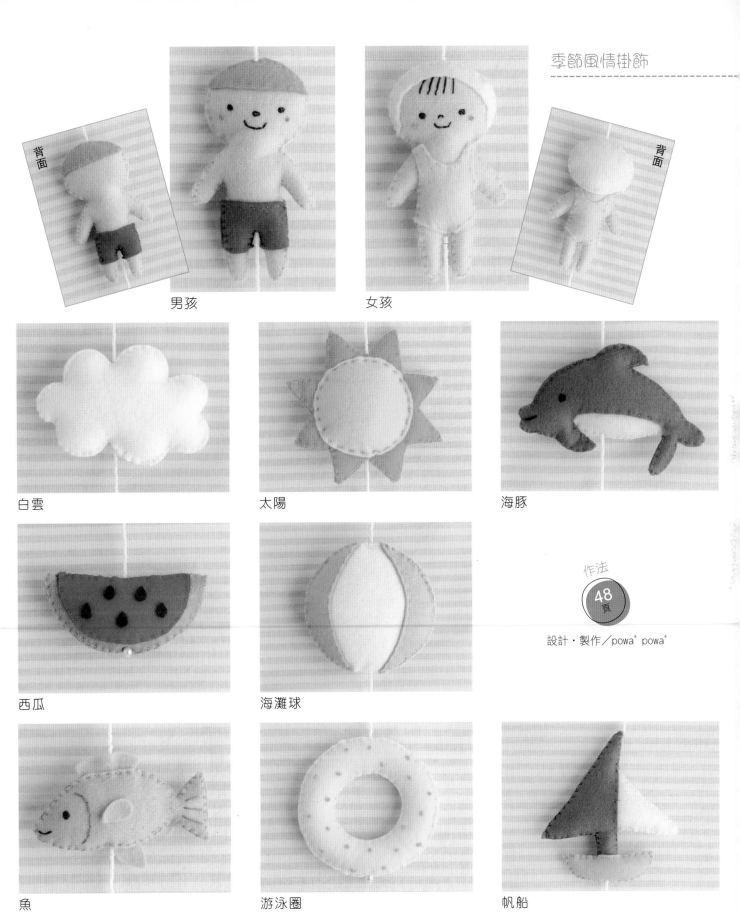

背面

背面

男孩

女孩

白雲

太陽

海豚

作法
48
頁

設計・製作／powa* powa*

西瓜

海灘球

魚

游泳圈

帆船

9

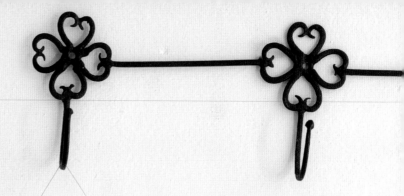

6 中秋掛飾

中秋節的夜晚，在圓圓的滿月裡能夠看見的是……兔子嗎？
把秋天的花草，例如芒草和瞿麥花等等，和兔子一起化為掛飾，
陪你度過一個充滿情調的秋日夜晚。

疊合不織布，
製作成芒草的圖案。

作法
52頁

設計・製作／KONDOMIEKO

掛鉤＝AWABEES

7 萬聖節掛飾

這款掛飾上使用了
最廣為人知的萬聖節象徵——橘色南瓜燈籠。
萬聖節是一個享受美食、慶祝秋收的節日,同時也是屬於孩子們的節日。

作法
54
頁

設計・製作／pomponet* pone

8 耶誕節掛飾

這款掛飾的每個小雪人臉上都帶著令人感到內心暖烘烘的可愛表情。
另外在原木小樹枝上,還裝飾著冬青樹的葉子和果實。

季節風情掛飾

作法
56
頁

設計・製作／浦部寬子

9 耶誕節掛飾

利用一條毛線，串起小雪人和小星星，
把作品8的掛飾，重新排列組合一番。
依照裝飾場所的需要改變吊掛方式，
也是掛飾的樂趣之一。

58
頁

設計・製作／浦部寬子

星星的正面和反面，使用了
不同的顏色。

雪人頭頂上戴的水桶提把，
是用牙籤做的喔！

掃帚上使用的是貨真價實的
芒草。

駝色和紅色的西裝，讓小雪人顯得時
髦極了。

作法
59
頁

設計・製作／浦部寬子

10 耶誕節掛飾

由愛心和耶誕樹組合而成的掛飾，呈現出略微成熟的氣氛。
閃閃發亮的彩珠及亮片，
搭配不織布沉穩內斂的色調，看起來真是漂亮。

11 耶誕節掛飾

掛飾最上方的小熊，戴著一頂可愛的小尖帽。
黃色的緞帶上，則熱鬧地點綴著禮物、耶誕樹、襪子和星星，
洋溢著滿滿的耶誕節氣氛！

作法
60
頁

設計・製作／TORIUMIYUKI

12 新年環狀掛飾

恭賀新年的飾品，滿滿地垂掛在環狀掛飾上。
圓環的部分可以直接利用市售的現成包包提把。

多功能掛鉤＝AWABEES

作法
64頁

設計・製作／大和CHIHIRO

舞獅

鏡餅

達摩不倒翁

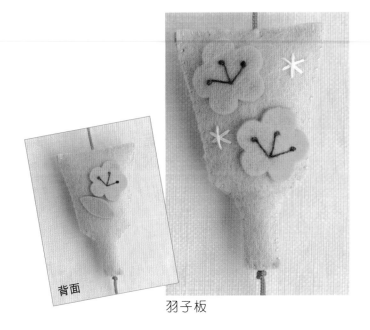

羽子板

門松

17

子（鼠）　午（馬）

丑（牛）　未（羊）

寅（虎）　申（猴）

卯（兔）　酉（雞）

辰（龍）　戌（狗）

巳（蛇）　亥（豬）

作法 **67** 頁

設計・製作／
塚田CHIAKI（Quilt Do!）

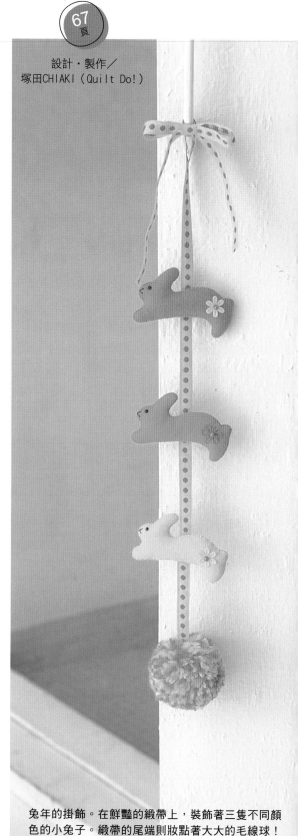

13 十二生肖掛飾

何不依照每年的生肖，做出當年應景的生肖掛飾呢？
製作時，也將祈願新的一年美好又平安的想法，
一針一針地密密縫進小布偶裡。

**兔年的掛飾。在鮮豔的緞帶上，裝飾著三隻不同顏
色的小兔子。緞帶的尾端則妝點著大大的毛線球！**

14 新年掛飾

兩條一組的成對掛飾，除了可以點綴房間之外，
也適合裝飾在玄關。

作法
62
頁

設計・製作／北向邦子

作法

70
頁

設計‧製作／
塚田CHIAKI（Quilt Do!）

15 愛♡造型北歐風掛飾

這是以北歐為意象的掛飾。
從上至下，分別是以瑞典、丹麥、芬蘭的國旗配色所製作而成。
愛心底下的小鈴鐺還會發出悅耳的叮噹聲，是相當講究的設計。

掛鉤＝AWABEES

作法
71
頁

設計・製作／井本佳代子

16 冬季雪國掛飾

這是最適合當成冬季室內裝飾的一組掛飾。

在駝色與米白色的不織布上，點綴著帶有閃亮光澤的珍珠彩珠，看起來美極了。

而整個掛飾所呈現的意象，有如雪國新嫁娘的捧花。

17 異國風情花朵掛飾

這是一款能讓人感受到異國風情的花朵掛飾。
大大的花朵，是取材自蓮花的造型。
共有三種不同顏色，可依個人喜好來裝飾。

妝點房間的掛飾

作法
75頁

設計・製作／三社晴美

作法

72頁

設計・製作／三社晴美

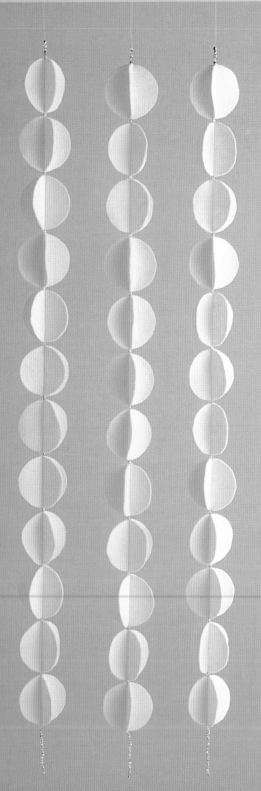

18 白色立體圓球掛飾

白色的圓形掛飾極具現代感。
看似立體般的圓形，其實是用兩片剪成圓形的白色不織布所縫合而成，
還可以依照空間的需要，增加掛飾的數量。

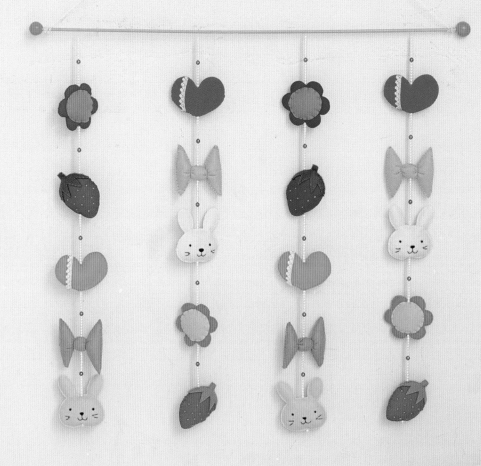

把小朋友最喜歡的圖案，
縫製成極可愛的掛飾，
小布偶的臉上，
還有著趣味十足的表情。

19 女孩房掛飾

花朵、愛心、蝴蝶結和草莓，
另外還有耳朵長長的小兔子……。
這是一款充滿了小女孩最愛的掛飾。

作法

72頁

設計・製作／powa* powa*

兔子

兔子

花朵

草莓

花朵

愛心

愛心

蝴蝶結

蝴蝶結

草莓

20 恐龍活動雕塑

叢林是恐龍們的樂園！
色彩繽紛的恐龍，是使用三片不織布做成的。
在掛飾隨風搖擺時，即可看到恐龍們正反面不同的顏色。
至於葉子的部分，則用手縫方式縮縫葉脈，以呈現恰到好處的立體感。

背面 樹木

作法
82
頁

設計・製作／井本佳代子

背面

暴龍

葉子

背面

葉子

背面

背面

板龍

背面

劍龍

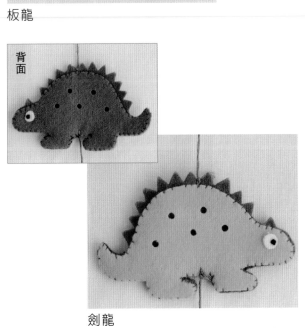

栩栩如生的立體甜點，
也可以從衣架上拆下來喔。

21 甜點掛飾

油漆過的市售衣架上，
垂掛的全都是有如實品一般的美味甜點！
有瑞士捲、馬卡龍、草莓蛋糕，另外還有甜甜圈。
看著看著，真恨不得點心時間快點到來！

小孩房的掛飾

作法
76
頁

設計・製作／秋元祥代（Smiley*）

作法
84頁

設計・製作／KURURI

交通工具掛飾

熱氣球、摩托車、船、汽車，
這款掛飾裡全都是小男孩最愛的交通工具，也充滿著小男孩的夢想。
長大以後，是想當個水手？汽車司機？
還是乘著熱氣球環遊世界一周呢？

23 嬰兒床邊吊鈴

將吊鈴懸掛在嬰兒床邊，
小寶貝只要一伸出手就能玩得到。
不織布圓球中更放有小鈴鐺，一碰就會發出清脆的聲響，
能讓小寶貝玩得更開心！

小熊

小兔子

小雞

兩端縫成環狀。

作法 87頁

設計・製作／井本佳代子
鈴鐺提供＝HAMANAKA

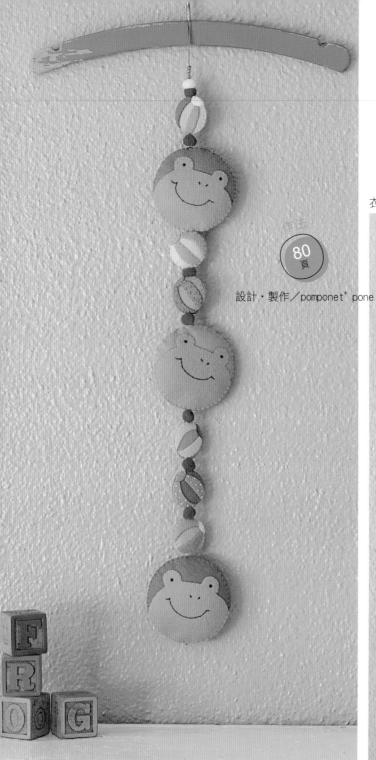

25 小白兔掛飾

蹦蹦跳跳、跑起來速度飛快的小白兔，
笑咪咪的表情顯得好可愛！
除了小白兔之外，另外也擺上了看起來很好吃的水果。

衣架＝AWABEES

作法

80
頁

設計・製作／pomponet* pone

24 小青蛙掛飾

小青蛙的掛飾，好像真的能讓人聽見呱呱呱的合唱聲♪
在小青蛙之間，
則是用繽紛多彩的小皮球把牠們串連起來。

嬰兒房的掛飾

作法

80
頁

設計・製作／pomponet* pone

作品製作的基本技巧

● 本書使用的是邊長20cm的正方形不織布。
● 原寸紙型已包含縫份在內。
● 縫線使用的是和不織布同色的25號繡線。

紙型製作方法

本書的紙型複製方法有兩種。一種是把書上的紙型影印下來，然後裁剪影印紙；或是先用薄紙描摹書上的紙型，描好之後再剪下。

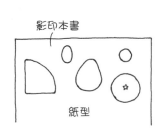
影印本書
紙型

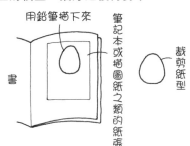
用鉛筆描下來
筆記本或描圖紙之類的紙張
書
裁剪紙型

不織布的剪法

把紙型放在不織布上，使用削尖的鉛筆或粉土筆，把輪廓描在不織布上，然後再用剪刀裁剪不織布。

紙型
不織布
用鉛筆描摹
不織布
裁剪
裁切面盡量呈垂直角度

不織布的縫法

本書的作品，除另有指定外，其餘均以手縫的方式縫製。
必須填充棉花的作品，為了避免棉花跑出來，請在縫的時候，把線拉緊。

疏縫（平針縫）

0.1～0.2
0.1～0.2
回針縫
0.5

打褶時的疏縫（平針縫）

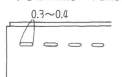
0.3～0.4

梯字縫

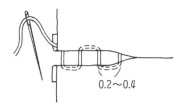
0.2～0.4

回針縫

3出　2入
1出

捲針縫

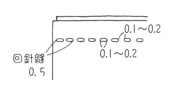
縫線呈上下垂直

刺繡的技巧

使用25號繡線，並且使用各作品所指定的線數。

平針繡

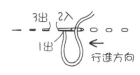
3出　2入
1出
行進方向

回針繡

以針腳的兩倍寬度往前縫

1出　行進方向
3出　2入

輪廓繡

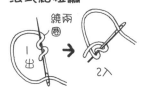
3出　2入
1出　行進方向

鎖鍊繡

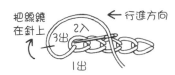
把線繞在針上
行進方向
3出　2入
1出

毛邊繡

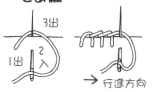
3出
1出　2入
行進方向

法式結粒繡

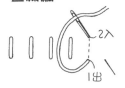
繞兩圈
1入
2入

直線繡

3出　2入
1出

(作)(法)　　1 製作各組件。

材料

不織布（淺粉紅色）……20cm×20cm
　　　（粉紅色）……15cm×10cm
　　　（珊瑚粉色）……20cm×10cm
　　　（白色）……10cm×5cm
　　　（薄荷綠）……10cm×5cm
　　　（水藍色）……10cm×10cm
　　　（橄欖綠）……13cm×8cm
　　　（黃綠色）……15cm×5cm
　　　（桃紅色）……13cm×8cm
　　　（淺膚色）……13cm×8cm
　　　（黑色）……20cm×10cm
　　　（綠色）……2cm×2cm
　　　（淺紫色）……10cm×5cm
　　　（紅色）……8cm×5cm
編織繩（黃綠色）……8cm長
金線……40cm長
直徑0.5cm的鈴鐺……4個
厚紙板・金色色紙……適量
亮片……20個
圓形小彩珠（白色……20個・黃色……15個）
直徑0.8cm的深褐色木珠……1個
1.5cm寬的打包帶……120cm長
綢緞布……40cm×4cm
25號繡線（與不織布同色）
棉花……適量
牙籤……2根
※縫製的時候，除另有指定外，其餘均使用與
　不織布同色之單股繡線。
※原寸紙型請見38、39頁。

燈籠

1 縫合五片燈籠布片後，塞入棉花。接著在外圍纏繞金線，並用樹脂黏貼固定。

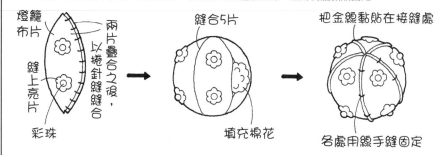

2 在底座A的上面穿個洞，疏縫之後再塞入棉花。接著放入厚紙板，與底座B縫合在一起。

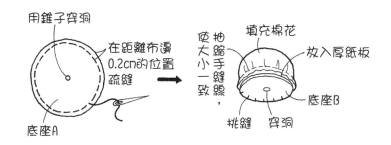

3 將不織布捲在牙籤上，並用手縫固定，製作成燈籠的燈柱部分。
　將燈柱插進燈籠裡，最後手縫固定。

4 製作兩個燈籠。

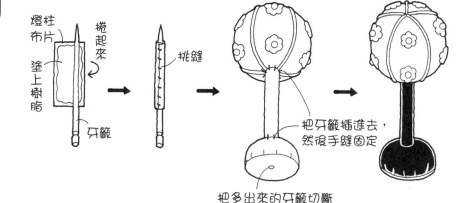

桃花花苞

1 在花苞布片的外圍疏縫一圈，塞入棉花之後再縮縫。

2 利用繡線在花苞上縫出凹陷的弧度，並縫上葉子。

3 製作四個桃花花苞。

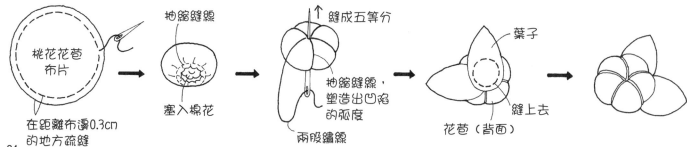

1 疏縫臉部的布片，並塞入棉花。

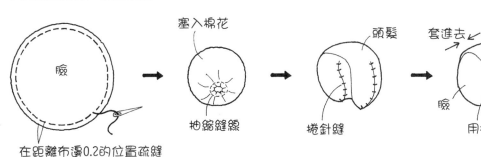

在距離布邊0.2的位置疏縫
臉
塞入棉花
抽縮縫線

2 縫製頭髮，將頭髮套在臉上，黏貼固定。

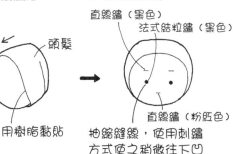

頭髮
套進去
頭髮
捲針縫
臉
用樹脂黏貼

3 繡上臉部表情。

直線繡（黑色）
法式結粒繡（黑色）
直線繡（粉紅色）
抽縮縫線，使用刺繡方式使之稍微往下凹

4 把袖兜縫在袖子上。

5 對折袖子，縫合袖子下緣。

6 縫製身體，塞入棉花。

袖兜
對齊中央的對折線
袖子
0.4
挑縫

左袖
對折
右袖
捲針縫

疊合兩片布片，以捲針縫縫合
身體
多塞一點棉花

8 縫上袖子的裝飾，並縫合臉與身體。貼上后冠、扇子和笏板。

7 把袖子捲在身體上，並以手縫固定。

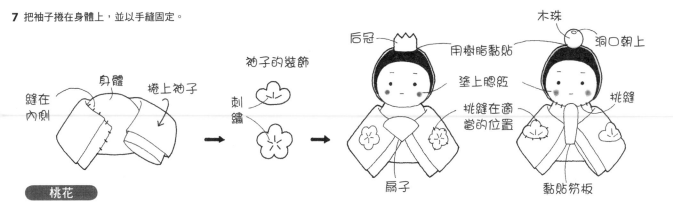

縫在內側
身體
捲上袖子

袖子的裝飾
刺繡

后冠
用樹脂黏貼
木珠
洞口朝上
塗上腮紅
挑縫
挑縫在適當的位置
扇子
黏貼笏板

桃花

1 縫合桃花布片後，塞入棉花。並在花蕊上刺繡。

2 疊合花朵與花蕊，一邊拉住手縫線、一邊將兩者縫在一起。

3 在背面縫上花萼。一共縫製三朵桃花。

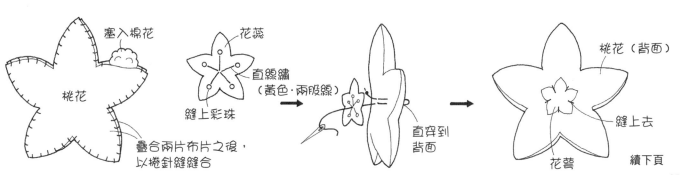

塞入棉花
桃花
疊合兩片布片之後，以捲針縫縫合

花蕊
直線繡（黃色・兩股線）
縫上彩珠
直穿到背面

桃花（背面）
縫上去
花萼
續下頁

1 縫合菱形年糕的兩片布片，在其中一片剪出牙口之後，翻回正面，並塞入薄薄一層棉花。製作出三種顏色的年糕後，將三塊挑縫在一起。

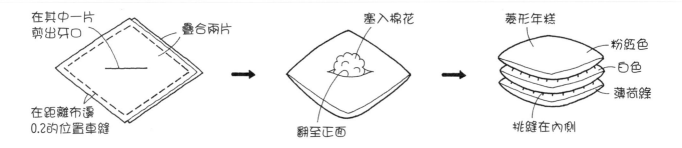

2 把厚紙板貼在底座A上，然後包起來。重疊貼上B後，在上面穿個小洞。　　　　**3** 先在厚紙板上折出折痕後，黏貼在座腳布片上。

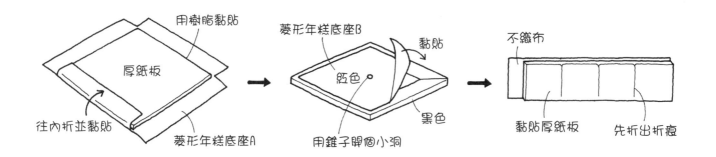

4 折成座腳的形狀後再縫合。　　　　**5** 把座腳挑縫在底座上。　　　　**6** 把菱形年糕放在底座上，並且黏貼固定。

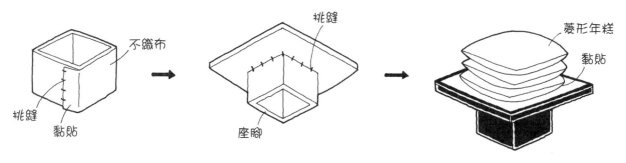

2 **製作圓環。**

1 裁剪縐綢布。　　　　**2** 把打包帶捲繞成圓環狀，並且用樹脂牢牢黏緊。　　　　**3** 用布包起來之後，以樹脂黏貼固定。

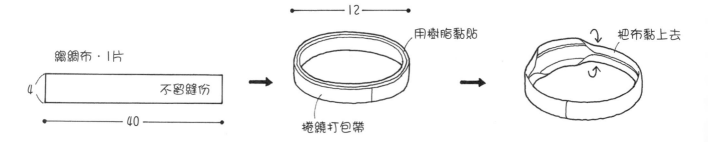

3 把組件組合在圓環上。

1 在編織繩上標上記號後，對齊四條編織繩的中心記號，
將編織繩一一繫在圓環上。

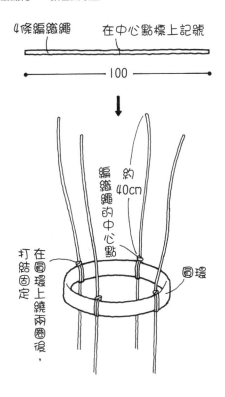

4條編織繩　在中心點標上記號

|← 100 →|

編織繩的中心點

約40cm

在圓環上繞兩圈後，打結固定，

打結固定

圓環

2 用針一一穿上編織繩，由上至下縫上各組件。圓環上端的編織繩則在圓環的正中央打結。

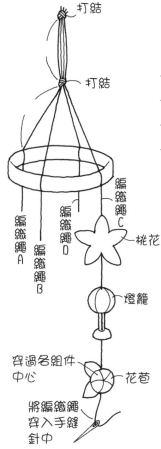

打結

打結

編織繩A

編織繩B

編織繩C

編織繩D

桃花

燈籠

穿過各組件中心

花苞

將編織繩穿入手縫針中

	編織繩A	編織繩B	編織繩C	編織繩D
上段	桃花	花苞	桃花	花苞
中段	燈籠	皇后	燈籠	天皇
下段	花苞	桃花	花苞	菱形年糕

3 縫上各組件，位置確定後，塗上少許樹脂，黏貼固定。

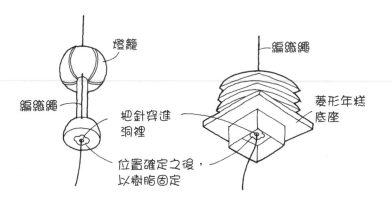

燈籠

編織繩

把針穿進洞裡

位置確定之後，以樹脂固定

編織繩

菱形年糕底座

4 在編織繩最下方穿上鈴鐺，製作流蘇。

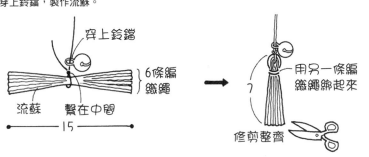

穿上鈴鐺

6條編織繩

流蘇　繫在中間

|← 15 →|

用另一條編織繩綁起來

修剪整齊

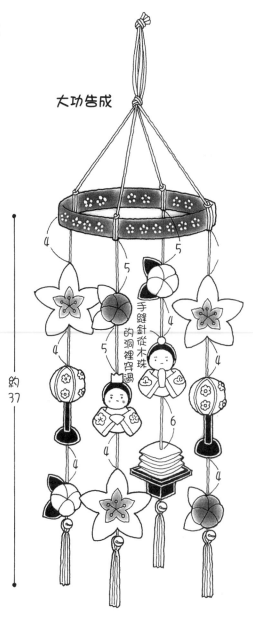

大功告成

手縫針從木珠的洞裡穿過

4

5

5

5

4

4

6

4

4

約37

37

原寸紙型

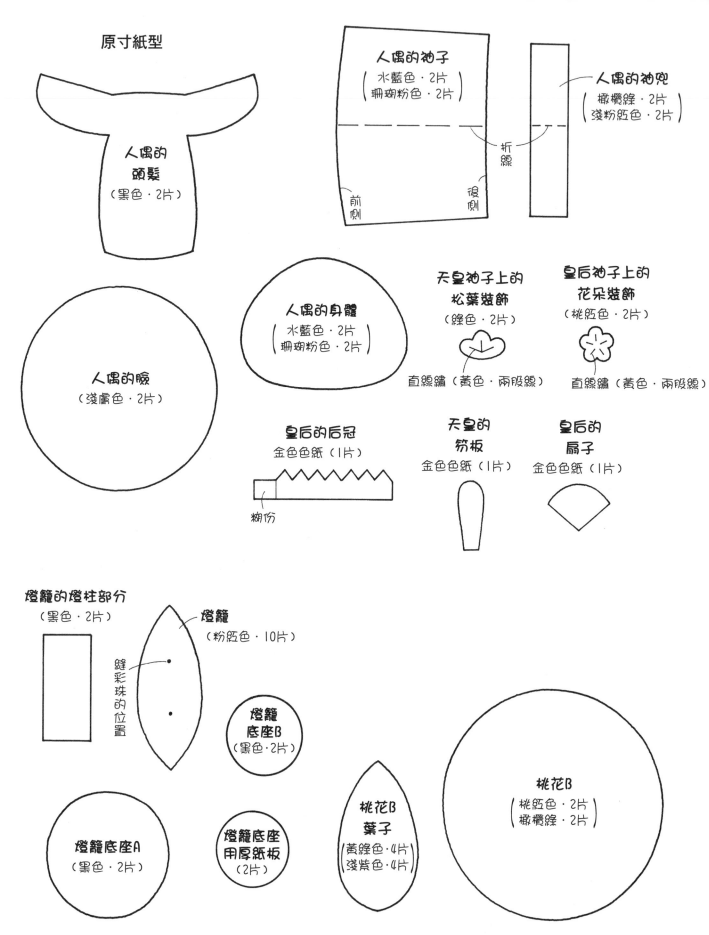

人偶的
頭髮
（黑色・2片）

人偶的袖子
（水藍色・2片
珊瑚粉色・2片）

折線

前側　　　後側

人偶的袖兜
（橄欖綠・2片
淺粉紅色・2片）

人偶的身體
（水藍色・2片
珊瑚粉色・2片）

天皇袖子上的
松葉裝飾
（綠色・2片）

直線繡（黃色・兩股線）

皇后袖子上的
花朵裝飾
（桃紅色・2片）

直線繡（黃色・兩股線）

人偶的臉
（淺膚色・2片）

皇后的后冠
金色色紙（1片）

糊份

天皇的
笏板
金色色紙（1片）

皇后的
扇子
金色色紙（1片）

燈籠的燈柱部分
（黑色・2片）

燈籠
（粉紅色・10片）

縫彩珠的位置

燈籠
底座B
（黑色・2片）

燈籠底座A
（黑色・2片）

燈籠底座
用厚紙板
（2片）

桃花B
葉子
（黃綠色・4片
淺紫色・4片）

桃花B
（桃紅色・2片
橄欖綠・2片）

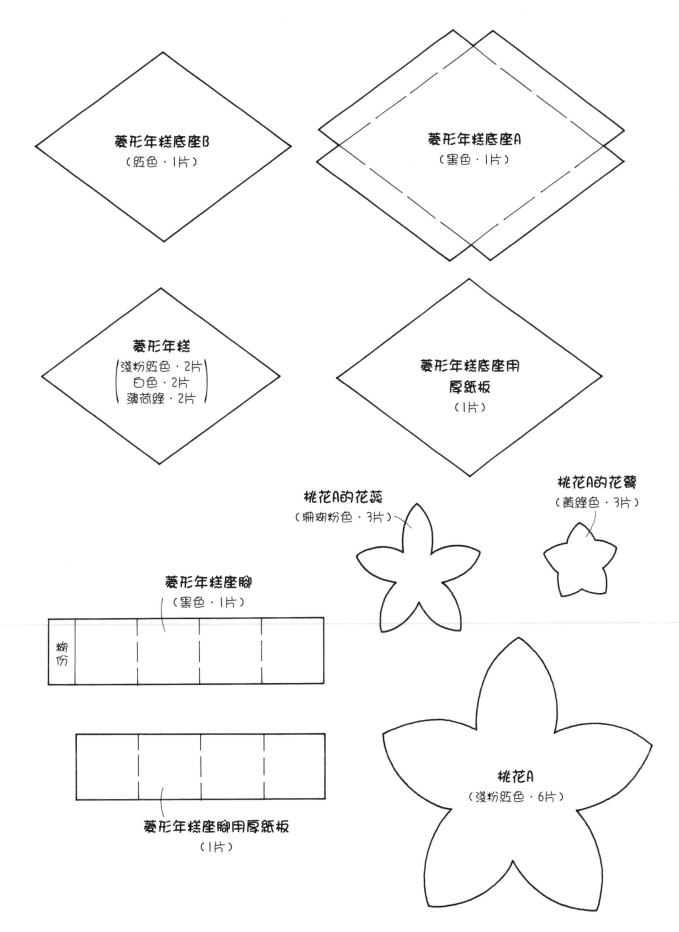

菱形年糕底座B
（紅色・1片）

菱形年糕底座A
（黑色・1片）

菱形年糕
（淺粉紅色・2片）
（白色・2片）
（薄荷綠・2片）

菱形年糕底座用
厚紙板
（1片）

桃花A的花蕊
（珊瑚粉色・3片）

桃花A的花萼
（黃綠色・3片）

菱形年糕座腳
（黑色・1片）

糊份

菱形年糕座腳用厚紙板
（1片）

桃花A
（淺粉紅色・6片）

第4頁 作品2
女兒節掛飾

材料

不織布（黑色）……2cm×5cm
　　　（深褐色）……5cm×5cm
　　　（淺膚色）……5cm×5cm
　　　（抹茶色）……8cm×5cm
　　　（紫色）……10cm×5cm
　　　（白色）……10cm×15cm
　　　（紅色）……15cm×10cm
　　　（粉紅色）……10cm×20cm
　　　（芥末黃）……15cm×10cm
　　　（橙色）……5cm×3cm
　　　（深橙色）……10cm×5cm
　　　（桃紅色）……8cm×5cm
　　　（玫瑰粉紅）……2cm×5cm
　　　（淺黃色）……4cm×2cm
水兵帶（天皇用）……7cm×0.4cm
水兵帶（皇后用）……5cm×0.3cm
絨球花邊……8cm長
圓形大彩珠（金色）……11個
0.3cm粗的圓繩……90cm×2條
25號繡線（與不織布同色‧金色）
※縫製的時候，除另有指定外，其餘均使用與
　不織布同色之單股繡線。
※原寸紙型請見43頁。

作 法

[1] 製作各組件

皇后

1 在和服上刺繡，繡好之後縫在兩片疊合的身體上。

2 把頭髮縫到臉上，並繡上表情。疊合並縫上另一片臉部的布片，最後縫上后冠。后冠上要縫上彩珠。

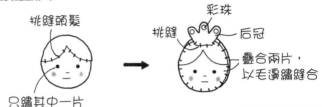

3 在扇子上繡圖案，底部則疏縫之後再縮縫。

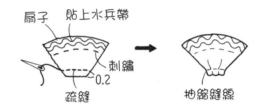

4 黏貼身體與臉部。

天皇

1 在和服上刺繡，繡好之後縫到身體上。疊合另一片身體布片之後再縫合。

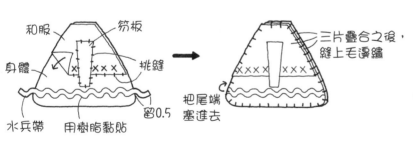

2 依照皇后的作法製作臉部，並縫上冠冕。

3 黏貼臉部與身體。

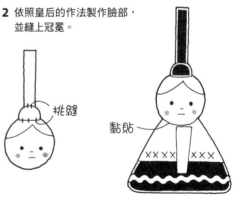

桃花

在花朵上繡好圖案，將前後兩片疊合之後縫合。
一共製作兩朵花。

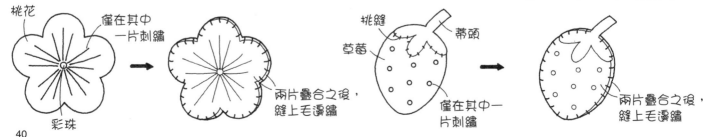

草莓

在草莓果肉上刺繡後，縫上蒂頭。
將前後兩片疊合之後縫合。一共製作兩個草莓。

1 用繡線製作兩串流蘇。

2 把花朵黏貼到三角形上。將前後兩片疊合後縫合。一共製作兩個三角形。

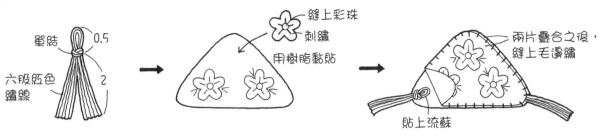

- 單結　0.5
- 六股配色繡線　2
- 縫上彩珠
- 刺繡
- 用樹脂黏貼
- 兩片疊合之後，縫上毛邊繡
- 貼上流蘇

小雞

1 製作嘴巴。

2 在小雞上刺繡，並縫上翅膀。將前後兩片疊合之後縫合。

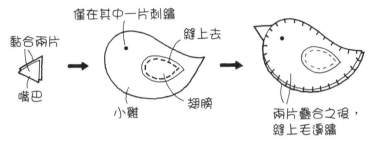

- 黏合兩片
- 嘴巴
- 僅在其中一片刺繡
- 縫上去
- 小雞
- 翅膀
- 兩片疊合之後，縫上毛邊繡

大功告成

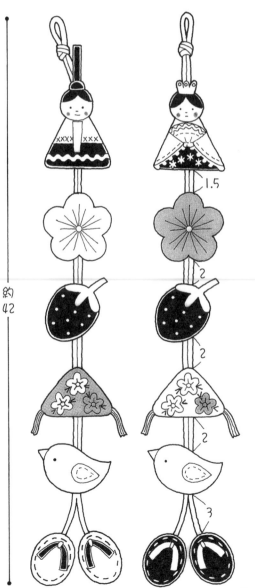

草履

1 將草履鞋帶縫到草履上。

2 疊合另一片草履布片之後再縫合。一共製作兩雙草履。

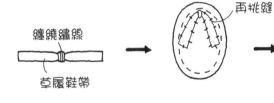

- 纏繞繡線
- 草履鞋帶
- 用樹脂黏貼之後再挑縫
- 兩片疊合之後，縫上毛邊繡

---

2 **將各組件縫到圓繩上。**

將90cm長的圓繩對折，打上單結，並縫上各組件。

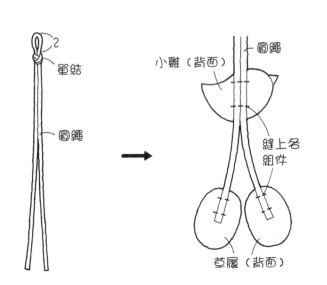

- 2
- 單結
- 圓繩
- 小雞（背面）
- 圓繩
- 縫上各組件
- 草履（背面）

約42

- 1.5
- 2
- 2
- 2
- 3

第5頁 作品3
女兒節花圈

材料

不織布（黑色）……2cm×5cm
（深褐色）……5cm×5cm
（淺膚色）……5cm×5cm
（抹茶色）……5cm×5cm
（紫色）……10cm×5cm
（白色）……10cm×10cm
（紅色）……5cm×10cm
（粉紅色）……10cm×15cm
（芥末黃）……12cm×5cm
（橙色）……3cm×2cm
（深橙色）……10cm×5cm
（桃紅色）……8cm×5cm
（淺黃色）……4cm×2cm
水兵帶（天皇用）……7cm×0.4cm
水兵帶（皇后用）……5cm×0.3cm
水兵帶（花圈用）……70cm×1cm
絨球花邊……8cm長
圓形大彩珠（金色）……8個
0.3cm粗的圓繩……10cm長
25號繡線（與不織布同色‧金色）
麻布……50cm×30cm
瓦楞紙板……20cm×20cm
※縫製的時候，除另有指定外，其餘均使用與
　不織布同色之單股繡線。
※原寸紙型請見43頁。

作法

1 參照40頁的作法，將各組件分別製作出一個。

2 裁剪瓦楞紙板製作花圈，並用樹脂將布片黏貼到瓦楞紙板上。

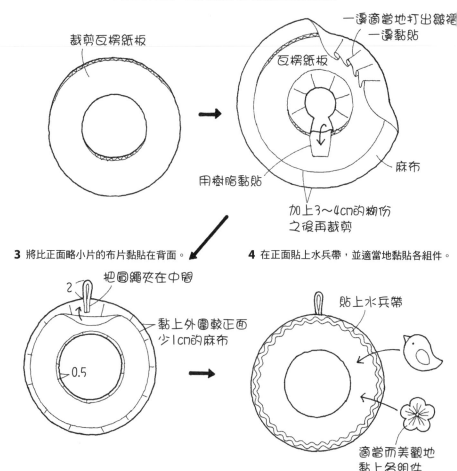

裁剪瓦楞紙板

瓦楞紙板

一邊適當地打出皺褶
一邊黏貼

用樹脂黏貼

麻布

加上3～4cm的糊份
之後再裁剪

3 將比正面略小片的布片黏貼在背面。

把圓繩夾在中間

2

0.5

黏上外圍較正面
少1cm的麻布

4 在正面貼上水兵帶，並適當地黏貼各組件。

貼上水兵帶

適當而美觀地
黏上各組件

原寸紙型

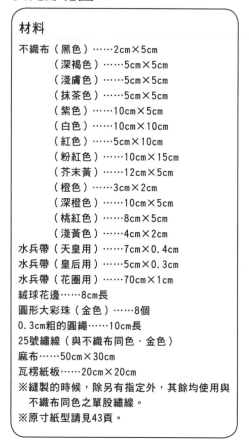

折雙

花圈的紙型

（麻布‧2片
瓦楞紙板‧1片）

折雙

大功告成

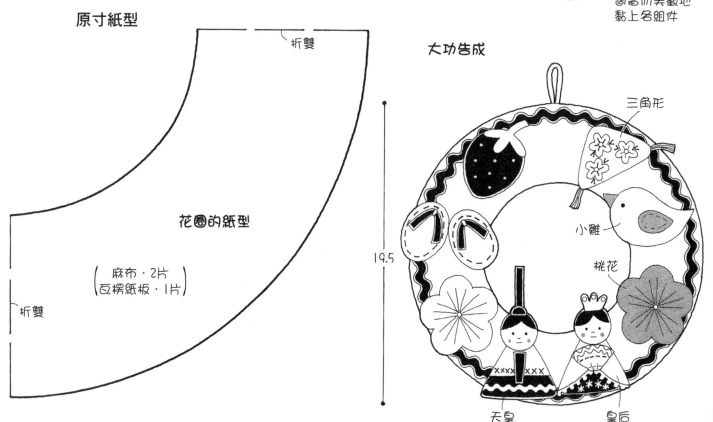

19.5

三角形

小雞

桃花

天皇　　皇后

原寸紙型（作品2・3共用）

皇后
（深褐色・1片）

天皇
（深褐色・1片）

法式結粒繡
（黑色）

瞼（淺膚色・各1片）

直線繡（甁色）

皇后的和服
（桃甁色・1片）

平針繡
（黃色・單股線）

天皇的和服
（抹茶色・1片）

十字繡
（甁色・單股線）

× × × × × × ×

身體
（紫色・2片）
（深橙色・2片）

直線繡
（白色・單股線）

扇子
（淺黃色・1片）

平針繡
（甁色・單股線）

笏板
（深褐色・1片）

皇后的后冠
（芥末黃・1片）

彩珠

天皇的冠冕
（黑色・各1片）

三角形
（粉甁色・2片）
（白色・2片）

作品3（粉甁色・2片）   作品2

3（白色・2片）
（芥末黃・2片）

花朵
2（白色・2片）
（芥末黃・3片）
（粉甁色・1片）

（甁色）

（綠色） （白色）   直線繡（單股線）

草莓
o2（甁色・4片）
3（甁色・2片）

法式結粒繡
（白色・單股線）

蒂頭
2（抹茶色・2片）
3（抹茶色・1片）

法式結粒繡
（深褐色・單股線）

嘴巴
（深橙色・2片）

翅膀
（橙色・2片）

小雞
（芥末黃・4片）

平針繡
（甁色・粉甁色）
雙股線

草履
12（粉甁色・4片）
（甁色・4片）
3（粉甁色・4片）

草履鞋帶
2（甁色・2片）
（玫瑰粉甁・2片）
3（甁色・2片）

彩珠

直線繡
（金色・單股線）

桃花
（白色・2片）
（粉甁色・2片）

第6頁 作品4
鯉魚旗環狀掛飾

材料

不織布（淺膚色）……13cm×10cm
　　　（深水藍）……12cm×5cm
　　　（土耳其藍）……10cm×1cm
　　　（黑色）……5cm×5cm
　　　（黃色）……15cm×12cm
　　　（白色）……10cm×7cm
　　　（紫色）……20cm×12cm
　　　（紅色）……12cm×10cm
　　　（粉紅色）……6cm×6cm
　　　（水藍色）……6cm×6cm
　　　（黃綠色）……6cm×6cm
　　　（淺青色）……6cm×10cm
　　　（藍色）……10cm×5cm
　　　（胭脂紅）……10cm×5cm
編織繩（吊掛繩及流蘇用・水藍色）…6m長
　　　（斧頭用・綠色）……16cm長
　　　（金太郎用・黃綠色）……12cm長
粗0.1cm的金繩（鯉魚旗・武將頭盔用）
　　　　　　……60cm長
粗0.2cm的紫色條紋繩（武將頭盔用）
　　　　　　……60cm長
粗0.3cm的紫色圓繩（米袋用）……40cm長
亮片、圓形小彩珠……各2個
金色色紙
直徑0.5cm的鈴鐺……3個
竹籤……7cm長
1.5cm寬的打包帶……120cm長
縐綢布……40cm×4cm
25號繡線（與不織布同色）
棉花……適量
※縫製的時候，除另有指定外，其餘均使用與
　不織布同色之單股繡線。
※原寸紙型請見46、47頁。

 作法

1 製作各組件

斧頭

把斧頭布片貼在竹籤上，然後對折。
黏貼B，並繫上編織繩。

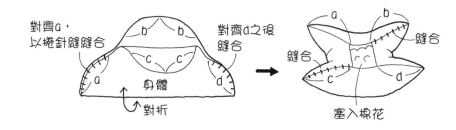

金太郎

1 把身體布片對折後，依照插圖標示，對齊相同的字母後縫合，並從縫隙中塞入棉花。

2 先把縫隙的中心一帶縫好，並將棉花塞進手腳最尾端之後，縫合縫隙。

4 把臉部縫到身體上。

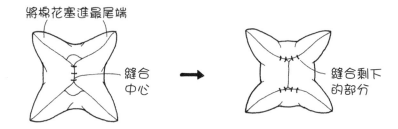

3 縫製臉部，塞入棉花後，繡上臉部表情。接著在頭上繡頭髮，並製作流蘇。

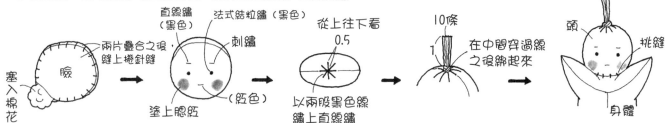

5 在坎肩上縫上裝飾片，並縫合肩線。用針穿上編織繩，再縫到坎肩上。

6 將坎肩穿在金太郎身上，綁好編織繩。

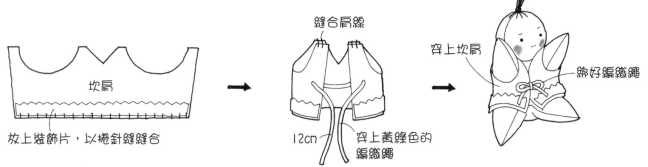

1 縫合鯉魚旗的上下端與尾鰭。

2 縫合鯉魚身體與尾鰭，一邊塞入棉花、一邊縫合嘴巴。

3 貼上眼睛，縫上金色繩子。各製作一條藍色與紅色的鯉魚旗。

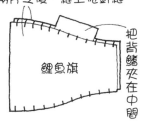

疊合兩片之後，縫上捲針縫

尾鰭

鯉魚旗

把背鰭夾在中間

尾鰭

捲針縫

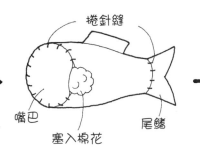

捲針縫

嘴巴

塞入棉花

尾鰭

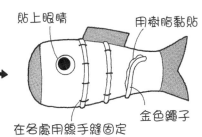

貼上眼睛

用樹脂黏貼

在各處用線手縫固定

金色繩子

---

1 對折米袋布片之後縫合。

2 兩端縫上疏縫後縮縫，並塞入棉花。

3 把圓繩繞在米袋上，繫上蝴蝶結。一共製作兩個米袋。

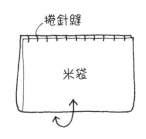

捲針縫

米袋

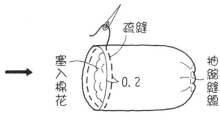

疏縫

塞入棉花

0.2

抽縮縫線

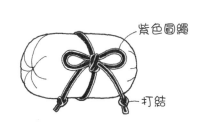

紫色圓繩

打結

武將頭盔

1 對折武將頭盔的布片。

2 從中心點往下折。

3 將下端的角往上折，尾端再往外折。

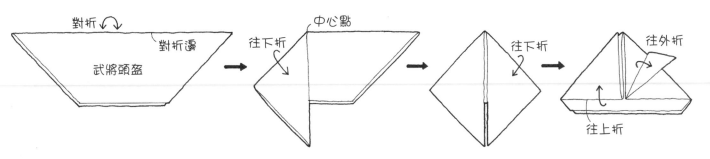

對折

對折邊

武將頭盔

中心點

往下折

往下折

往上折

往外折

4 將前後底端分別往上折，然後挑縫，以避免變形。縫上亮片及兩種繩子。

5 繫上蝴蝶結。

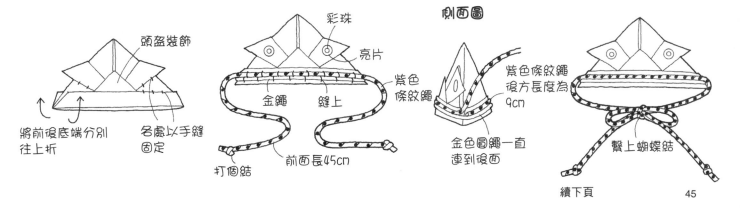

頭盔裝飾

將前後底端分別往上折

各處以手縫固定

彩珠

亮片

金繩

縫上

紫色條紋繩

打個結

前面長45cm

側面圖

紫色條紋繩後方長度為9cm

金色圓繩一直連到後面

紫色條紋繩

繫上蝴蝶結

續下頁

將七片對折過的風車布片重疊之後，對齊其中一底角用線穿過。再一次對折，用線穿過另一個底角，成為風車的中心點。
將布片一一拉開，調整成風車的形狀，最後在中心貼上布片。一共製作兩個風車。

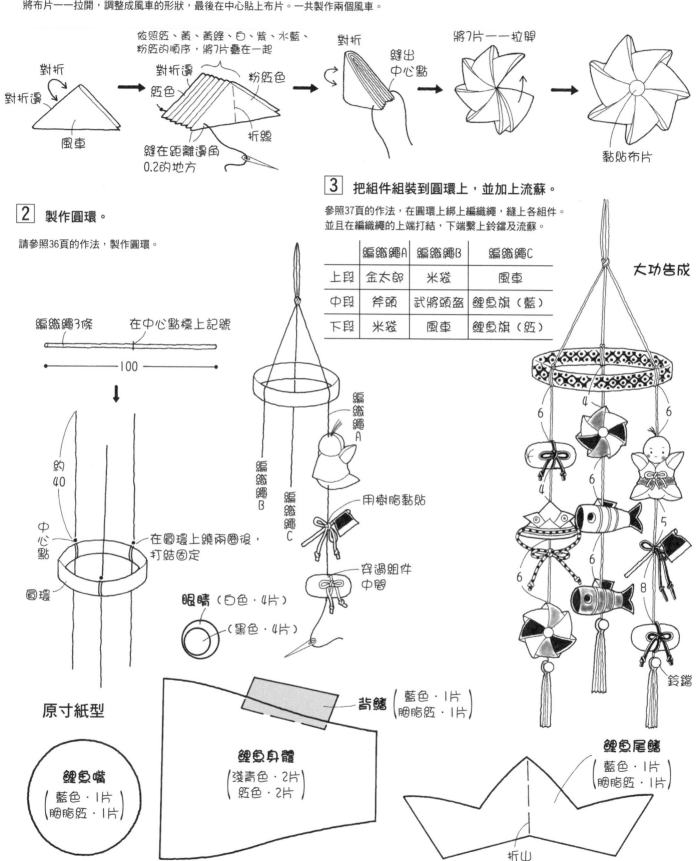

依照臙、黃、黃綠、白、紫、水藍、粉臙的順序，將7片疊在一起

對折

對折邊
對折邊
風車

對折邊
臙色
粉臙色

縫在距離邊角
0.2的地方

折線

對折
縫出中心點

將7片一一拉開

黏貼布片

3 把組件組裝到圓環上，並加上流蘇。

參照37頁的作法，在圓環上綁上編織繩，縫上各組件。
並且在編織繩的上端打結，下端繫上鈴鐺及流蘇。

	編織繩A	編織繩B	編織繩C
上段	金太郎	米袋	風車
中段	斧頭	武將頭盔	鯉魚旗（藍）
下段	米袋	風車	鯉魚旗（臙）

大功告成

2 製作圓環。

請參照36頁的作法，製作圓環。

編織繩3條　　在中心點標上記號

←—— 100 ——→

約40

中心點
圓環

在圓環上繞兩圈後，打結固定

編織繩A
編織繩B
編織繩C

用樹脂黏貼

穿過組件中間

眼睛（白色‧4片）
（黑色‧4片）

原寸紙型

背鰭（藍色‧1片 / 胭脂臙‧1片）

鈴鐺

鯉魚嘴
（藍色‧1片 / 胭脂臙‧1片）

鯉魚身體
（淺青色‧2片 / 臙色‧2片）

鯉魚尾鰭
（藍色‧1片 / 胭脂臙‧1片）

折山

原寸紙型

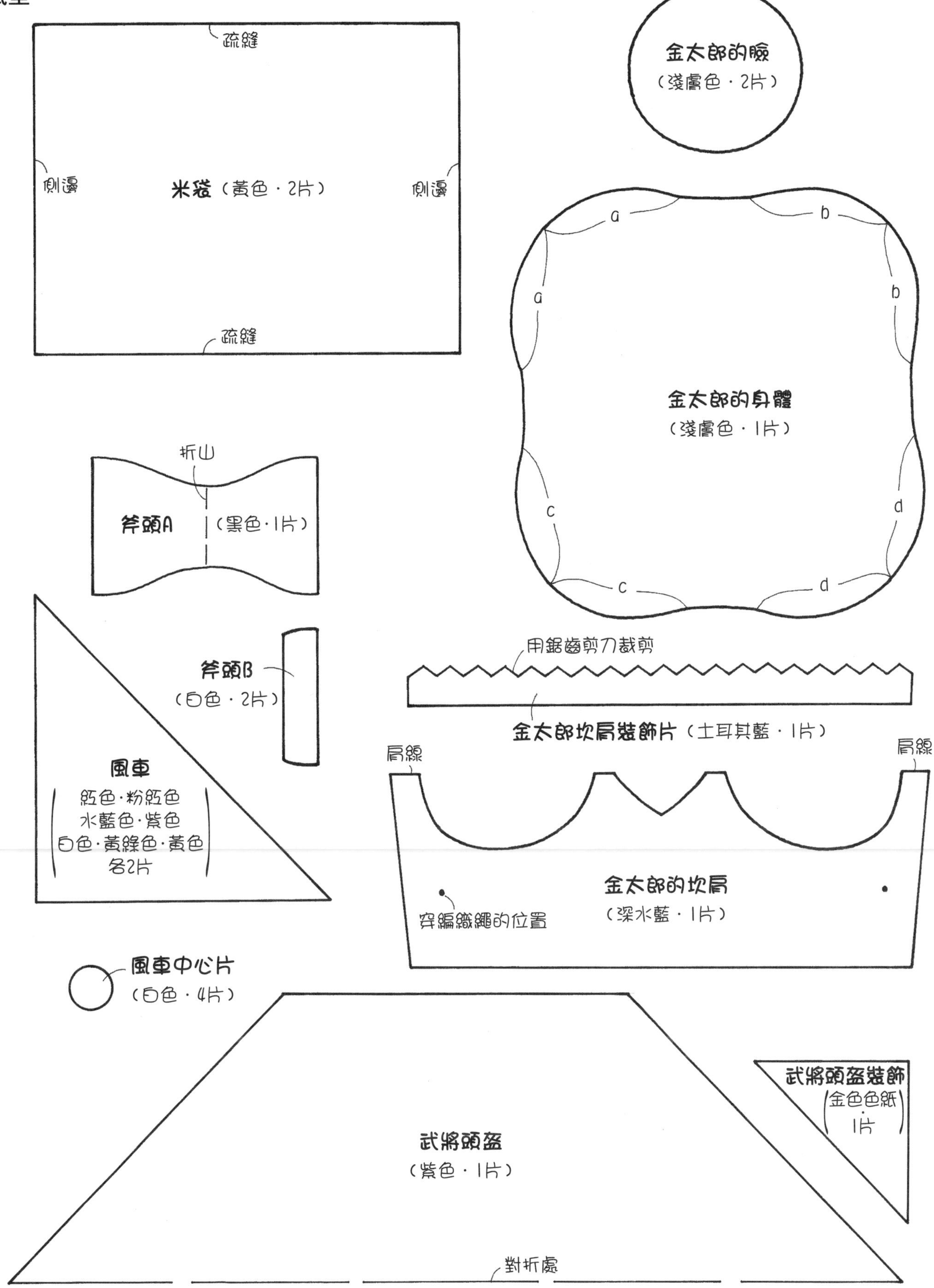

疏縫

側邊　米袋（黃色·2片）　側邊

疏縫

金太郎的臉
（淺膚色·2片）

折山

斧頭A　（黑色·1片）

a　　b

a　　b

c　　d

c　　d

金太郎的身體
（淺膚色·1片）

斧頭B
（白色·2片）

風車
紅色·粉紅色
水藍色·紫色
白色·黃綠色·黃色
各2片

用鋸齒剪刀裁剪

金太郎坎肩裝飾片（土耳其藍·1片）

肩線　　　　　　　　　　　　　　　　肩線

風車中心片
（白色·4片）

穿編織繩的位置

金太郎的坎肩
（深水藍·1片）

武將頭盔裝飾
（金色色紙
·1片）

武將頭盔
（紫色·1片）

對折處

47

第8頁 作品5
炎夏掛飾

材料

不織布（橙色）……18cm×18cm
　　　（黃色）……10cm×10cm
　　　（淺橙色）……20cm×10cm
　　　（黑色）……5cm×3cm
　　　（粉紅色）……15cm×5cm
　　　（白色）……20cm×20cm×2片
　　　（藍色）……20cm×15cm
　　　（薄荷綠）……10cm×5cm
　　　（淺黃色）……20cm×20cm
　　　（水藍色）……20cm×15cm
　　　（綠色）……15cm×10cm
　　　（紅色）……15cm×8cm
　　　（深褐色）……5cm×5cm
　　　（胭脂紅）……10cm×5cm
圓形小彩珠（白色）……合計140cm長
圓棒……65cm長
樹脂黏土……少許
0.5cm寬的緞帶……80cm長
25號繡線（與不織布同色）
直徑0.6cm的珍珠彩珠……4個
棉花、魚線……適量
※縫製的時候，除另有指定外，其餘均
　使用與不織布同色之單股繡線。
※原寸紙型請見50、51頁。

作法　1　製作各組件。

太陽　先縫合太陽的光芒，塞入棉花後，用兩片圓心夾住光芒，然後縫合。一共製作兩個太陽。

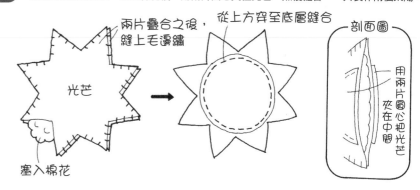

女孩　在身體前後片分別縫上泳裝與泳帽，再疊合身體前後片縫合，並塞入棉花。
一共製作兩個女孩。

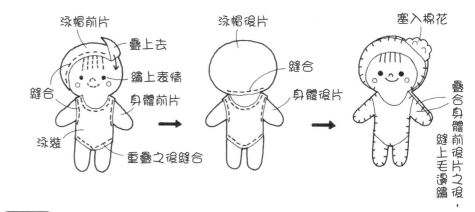

帆船　縫合船帆A與船帆B之後，再縫到船身上。疊合前後兩片後縫合，塞入棉花。
一共製作兩艘帆船。

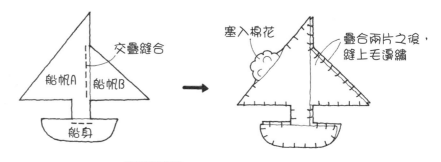

游泳圈　在游泳圈的布片上刺繡，一邊縫合，一邊塞入棉花。
一共製作兩個游泳圈。

魚

在魚的布片上刺繡後，將魚鰭夾在兩片身體中間縫合，並塞入棉花。

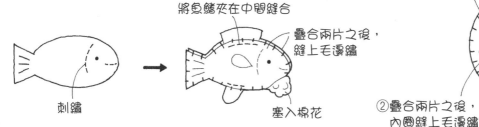

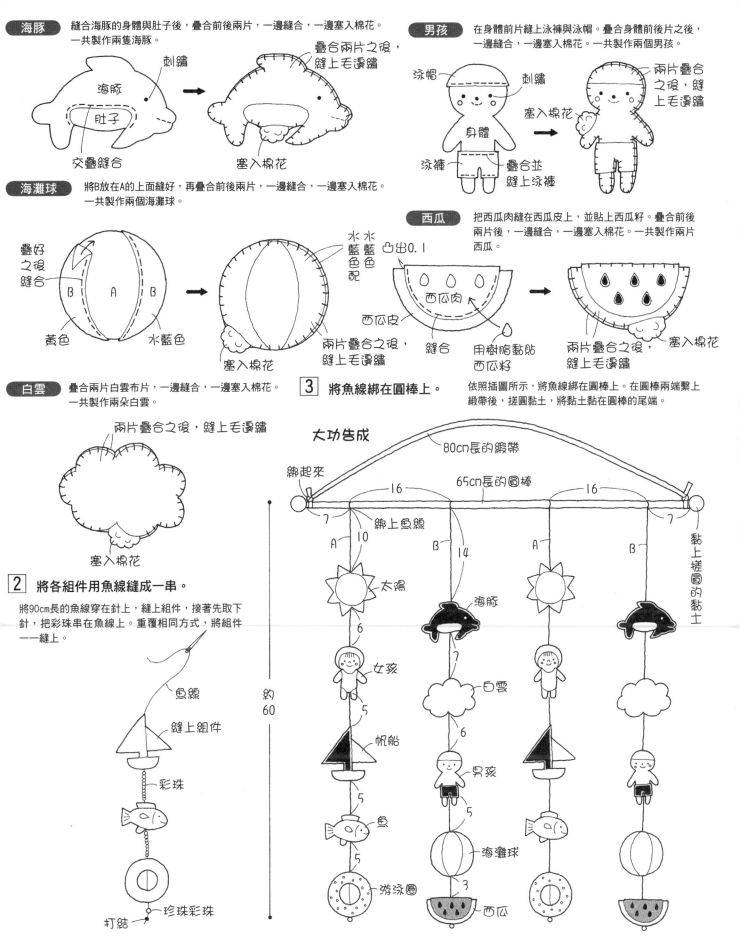

海豚 縫合海豚的身體與肚子後，疊合前後兩片，一邊縫合，一邊塞入棉花。一共製作兩隻海豚。

刺繡
海豚
肚子
交疊縫合
塞入棉花
疊合兩片之後，縫上毛邊繡

男孩 在身體前片縫上泳褲與泳帽。疊合身體前後片之後，一邊縫合，一邊塞入棉花。一共製作兩個男孩。

泳帽
刺繡
身體
泳褲
疊合並縫上泳褲
塞入棉花
兩片疊合之後，縫上毛邊繡

海灘球 將B放在A的上面縫好，再疊合前後兩片，一邊縫合，一邊塞入棉花。一共製作兩個海灘球。

疊好之後縫合
B A B
黃色
水藍色
水藍色配水藍色
塞入棉花
兩片疊合之後，縫上毛邊繡

西瓜 把西瓜肉縫在西瓜皮上，並貼上西瓜籽。疊合前後兩片後，一邊縫合，一邊塞入棉花。一共製作兩片西瓜。

凸出0.1
西瓜肉
西瓜皮
縫合
用樹脂黏貼西瓜籽
兩片疊合之後，縫上毛邊繡
塞入棉花

白雲 疊合兩片白雲布片，一邊縫合，一邊塞入棉花。一共製作兩朵白雲。

兩片疊合之後，縫上毛邊繡
塞入棉花

3 **將魚線綁在圓棒上。** 依照插圖所示，將魚線綁在圓棒上。在圓棒兩端繫上緞帶後，搓圓黏土，將黏土黏在圓棒的尾端。

2 **將各組件用魚線縫成一串。**
將90cm長的魚線穿在針上，縫上組件，接著先取下針，把彩珠串在魚線上。重覆相同方式，將組件一一縫上。

魚線
縫上組件
彩珠
珍珠彩珠
打結

大功告成
80cm長的緞帶
綁起來
65cm長的圓棒
16
16
7
綁上魚線
7
黏上搓圓的黏土
A 10
B 14
A
B
太陽
海豚
6
7
女孩
白雲
5
6
帆船
男孩
5
5
魚
海灘球
5
3
游泳圈
西瓜
約60

49

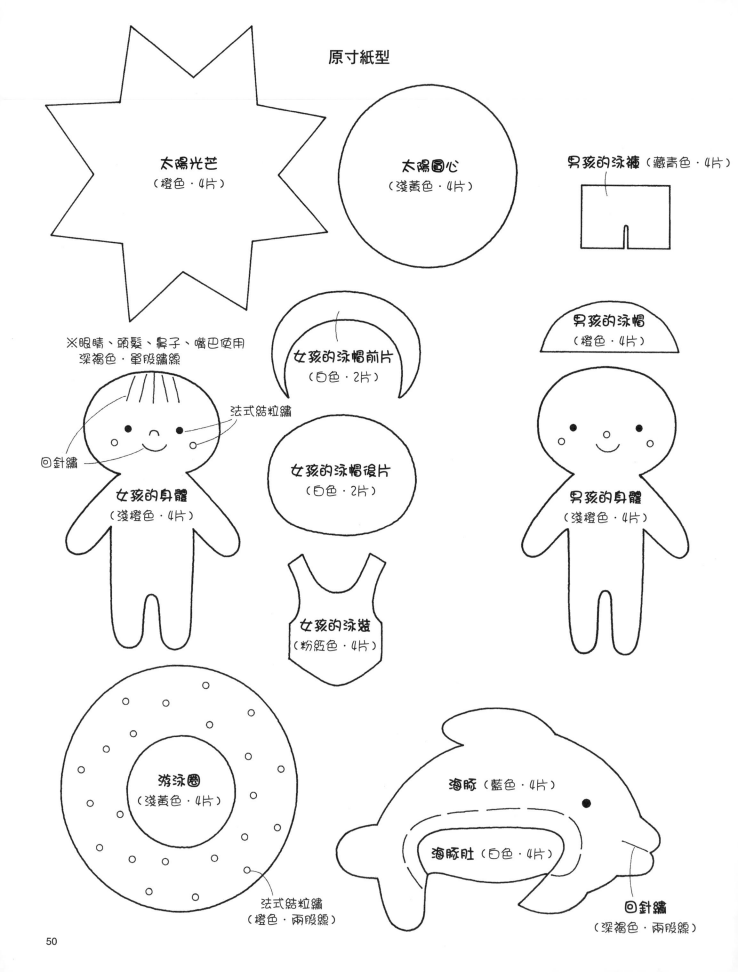

原寸紙型

太陽光芒
（橙色・4片）

太陽圓心
（淺黃色・4片）

男孩的泳褲（藏青色・4片）

女孩的泳帽前片
（白色・2片）

男孩的泳帽
（橙色・4片）

※眼睛、頭髮、鼻子、嘴巴使用
深褐色・單股繡線

法式結粒繡

回針繡

女孩的身體
（淺橙色・4片）

女孩的泳帽後片
（白色・2片）

男孩的身體
（淺橙色・4片）

女孩的泳裝
（粉紅色・4片）

游泳圈
（淺黃色・4片）

海豚（藍色・4片）

海豚肚（白色・4片）

回針繡
（深褐色・兩股線）

法式結粒繡
（橙色・兩股線）

50

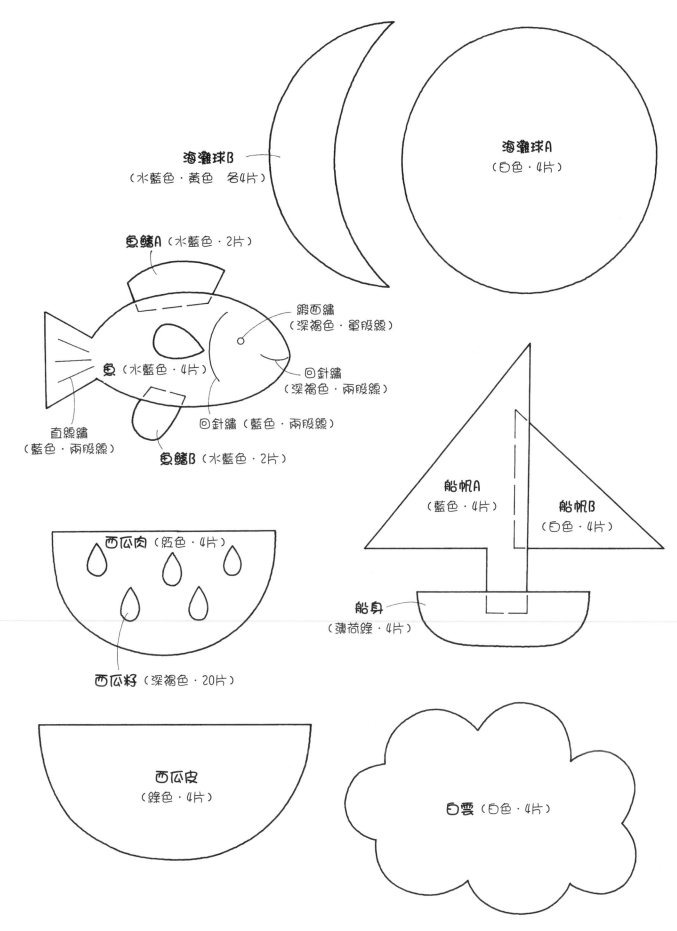

海灘球B
（水藍色・黃色　各4片）

海灘球A
（白色・4片）

魚鰭A（水藍色・2片）

緞面繡
（深褐色・單股線）

魚（水藍色・4片）

回針繡
（深褐色・兩股線）

回針繡（藍色・兩股線）

直線繡
（藍色・兩股線）

魚鰭B（水藍色・2片）

船帆A
（藍色・4片）

船帆B
（白色・4片）

船身
（薄荷綠・4片）

西瓜肉（紅色・4片）

西瓜籽（深褐色・20片）

西瓜皮
（綠色・4片）

白雲（白色・4片）

中秋掛飾

材料

不織布（水藍色）……20cm×8cm
　　　　（淺紫色・2mm厚）……18cm×10cm
　　　　（綠色）……15cm×5cm
　　　　（紫色）……18cm×7cm
　　　　（褐色）……15cm×5cm
　　　　（黑色・2mm厚）……10cm×10cm
　　　　（粉紅色・2mm厚）……13cm×5cm
　　　　（米白色・2mm厚）……12cm×5cm
　　　　（黃色・2mm厚）……18cm×4cm
25號繡線（與不織布同色）
5號繡線（水藍色）
厚紙板
※縫製的時候，除另有指定外，其餘均使用與不
　織布同色之單股繡線。

作 法　　1　製作各組件

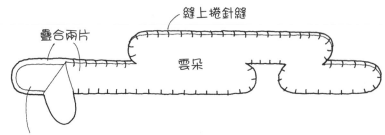

雲朵　用雲朵布片夾住厚紙板後縫合。

疊合兩片
縫上捲針縫
雲朵
放進外圍輪廓較雲朵布片小1mm的厚紙板

芒草　　1　將芒草A黏貼在芒草底層上，然後重疊貼上芒草B。

挖空
重疊貼上兩片芒草B
底層
芒草A
用樹脂黏貼

2　疊上外框之後縫合。一共製作三片芒草。

疊上外框之後，以捲針縫縫合

立體月亮

疊合兩片布片，在中央緊緊地縫上一道回針縫後，
攤開兩片布片。一共製作三個立體月亮。

月亮
在中央縫上回針縫
拉開兩片布片

兔子・瞿麥花・月亮

裁剪六片兔子、三片瞿麥花、以及四片月亮。

兔子
裁剪

瞿麥花
用鋸齒剪刀裁剪

月亮
裁剪

2　串連各組件。

用針穿上5號繡線，參考完成圖，
由下往上縫上各組件。

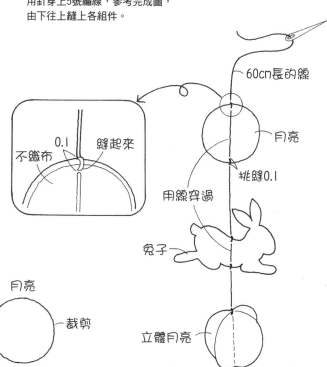

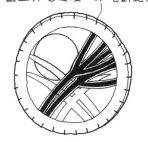

60cm長的線
月亮
挑縫0.1
用線穿過
兔子
立體月亮
0.1　縫起來
不織布

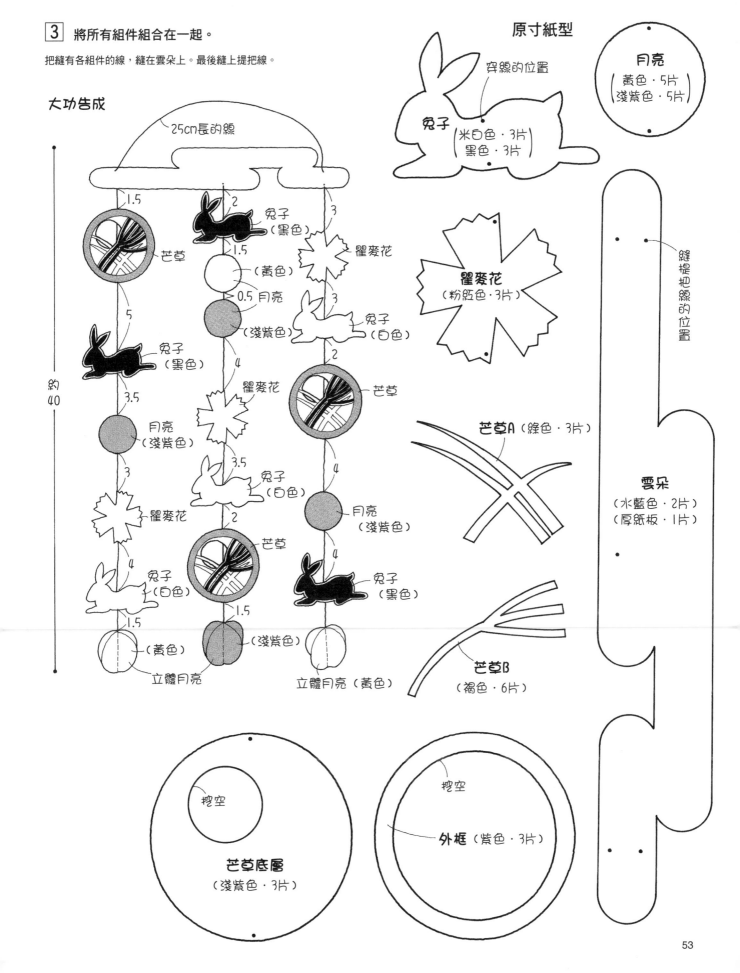

3 將所有組件組合在一起。

把縫有各組件的線，縫在雲朵上。最後縫上提把線。

原寸紙型

大功告成

25cm長的線

約40

1.5
2
3

芒草

兔子（黑色）

瞿麥花

（黃色）

1.5

0.5 月亮

（淺紫色）

5

兔子（白色）

3

芒草

兔子（黑色）

兔子（白色）

芒草

3.5

4

月亮（淺紫色）

瞿麥花

3

3.5

2

瞿麥花

兔子（白色）

月亮（淺紫色）

4

芒草

兔子（白色）

兔子（黑色）

2

4

1.5

（黃色）

（淺紫色）

立體月亮

立體月亮（黃色）

穿線的位置

兔子
（米白色·3片）
（黑色·3片）

月亮
（黃色·5片）
（淺紫色·5片）

瞿麥花
（粉紅色·3片）

芒草A（綠色·3片）

芒草B
（褐色·6片）

縫提把線的位置

雲朵
（水藍色·2片）
（厚紙板·1片）

挖空

芒草底層
（淺紫色·3片）

挖空

外框（紫色·3片）

53

第11頁 作品7
萬聖節掛飾

材料

不織布（橙色）……20cm×15cm
　　　　（淺紫色）……15cm×15cm
　　　　（黑色）……10cm×5cm
　　　　（深橙色）……7cm×7cm
　　　　（白色）……15cm×8cm
　　　　（脂胭紅）……13cm×5cm
　　　　（紫色）……7cm×4cm
　　　　（蛋黃色）……5cm×5cm
　　　　（深褐色）……5cm×6cm
　　　　（水藍色）……7cm×4cm
直徑0.3cm的彩珠……7個
直徑1cm的絨球（白色）……1個
　　　　　　　　（橙色）……7個
25號繡線（與不織布同色）
棉花……適量
※縫製的時候，除另有指定外，其餘均
　使用與不織布同色之單股繡線。

 作法   **1** 製作各組件。

小貓 在底層上拼縫貓頭，並繡上表情。接著將前後兩片疊合，一邊縫合、一邊塞入棉花

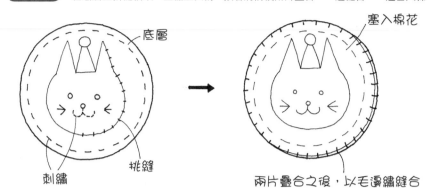

蛋糕 把蛋糕和底座部分交疊後縫合。接著疊合前後兩片，一邊縫合、一邊塞入棉花

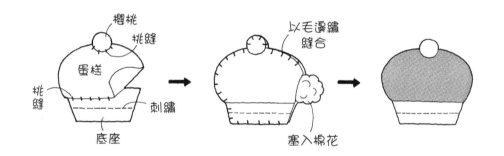

糖果 把縫好條紋花樣的糖果尾端，疊合前後兩片之後縫合。再用縫好條紋花樣的兩片糖果本體夾住糖果尾端，一邊縫合、一邊塞入棉花。
一共製作兩個糖果。

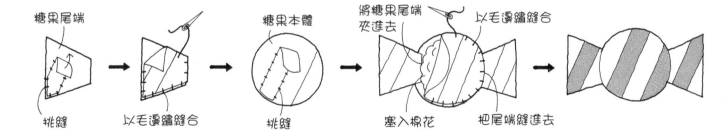

水果糖

先在水果糖上刺繡，將前後兩片疊合後，在中央縫一圈。縫好後一邊在外圈塞入棉花，一邊縫合。一共製作四個水果糖。

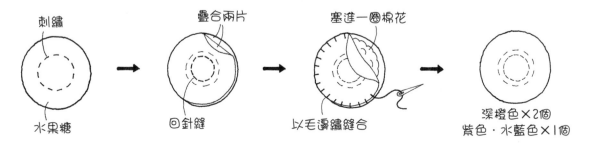

南瓜

先在南瓜上刺繡，再將前後兩片疊合，
一邊縫合、一邊塞入棉花。
一共製作兩個南瓜。

南瓜

刺繡

↓

塞入棉花

疊合兩片之後，以毛邊繡縫合

2 將各組件縫成一串。

用針穿上繡線，參考完成圖，由下往上縫上各
組件。

兩股橙色
繡線

4.5

打結

彩珠6個

↓

絨球2個

打死結

↑

在組件之間，
穿上絨球

小貓

↑

南瓜

↓

↑

彩珠

大功告成

水果糖
（橙色）

（水藍色）

絨球

糖果

南瓜

蛋糕

水果糖（紫色）

糖果

水果糖
（橙色）

小貓

南瓜

約48

原寸紙型

櫻桃
（橙色・2片）

蛋糕（深褐色・2片）

深橙色・4片
水藍色・2片
紫色・2片

水果糖

回針繡
（粉紅色・
兩股線）

底座（蛋黃色・2片）

平針繡
與不織布同色
兩股線

條紋
（胭脂紅・各2片）

糖果本體
（白色・2片）

糖果尾端
（白色・4片）

帽子裝飾
（白色・2片）

帽子
（橙色・2片）

小貓（黑色・2片）

緞面繡

直線繡

回針繡

底層（淺紫色・2片）

平針繡
（粉紅色・三股線）

南瓜（橙色・4片）

緞面繡（兩股線）

回針繡
用兩股線繡兩列

55

第12頁 作品8
耶誕節掛飾

材料

不織布（米白色）……20cm×20cm×3片
（灰色）……10cm×7cm
（紅色）……10cm×10cm
（黑色）……5cm×10cm
（駝色）……10cm×10cm
（芥末黃）……10cm×10cm
（綠色）……20cm×10cm
（抹茶色）……20cm×10cm
圍巾布2種……各19cm×1.2cm
毛線（圍巾用）……20cm長
毛線（掛繩用）……4m長
直徑0.2cm的彩珠（黑色）……10個
直徑0.2cm的彩珠（金色）……7個
直徑0.2cm的彩珠（紅色）……4個
50cm長的樹枝……1根
6cm長的小樹枝……1根
芒草穗……少許
鐵絲……少許
牙籤……3根
亮片2種……各4個
圓形小彩珠……8個
直徑0.2cm的珍珠彩珠……20個
直徑0.5cm的木珠（紅色）……8個
25號繡線（與不織布同色）
棉花……適量
※縫製的時候，除另有指定外，其餘均使用與
　不織布同色之單股繡線。
※原寸紙型見58頁。

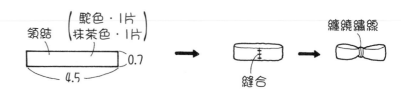

作法　１ 製作各組件。

雪人A　　1 折好領結，束起領結中央。

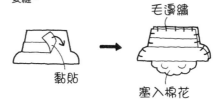
領結
（駝色‧1片
抹茶色‧1片）
0.7
4.5
縫合
纏繞繡線

2 在帽子上貼上緞帶，將前後兩片帽子疊合後，一邊縫合、一邊塞入棉花。底端先不要縫。

毛邊繡
黏貼
塞入棉花

3 疊合背心前後片，縫合側邊。

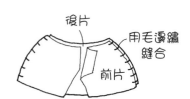
後片
用毛邊繡縫合
前片

4 繡上雪人的表情，將雪人的前後兩片疊合後，一邊縫合、一邊塞入棉花。

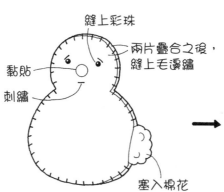
縫上彩珠
兩片疊合之後，縫上毛邊繡
黏貼
刺繡
塞入棉花

5 幫雪人穿上背心，縫上彩珠及領結，最後將帽子挑縫在頭頂上。一共製作兩個雪人A。

帽子
挑縫
穿上背心
彩珠
（金色‧紅色）

雪人B

1 疊合兩片水桶的布片，縫合三邊，塞入棉花。扭轉鐵絲，繞上牙籤頭，製作成水桶的提把。

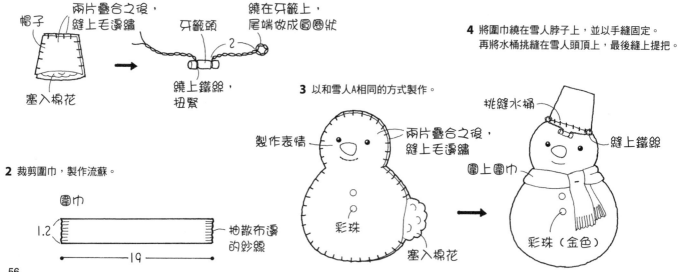

帽子
兩片疊合之後，縫上毛邊繡
牙籤頭
繞在牙籤上，尾端做成圓圈狀
2
繞上鐵絲，扭緊
塞入棉花

2 裁剪圍巾，製作流蘇。

圍巾
1.2
19
抽散布邊的紗線

3 以和雪人A相同的方式製作。

製作表情
兩片疊合之後，縫上毛邊繡
彩珠
塞入棉花

4 將圍巾繞在雪人脖子上，並以手縫固定。再將水桶挑縫在雪人頭頂上，最後縫上提把。

挑縫水桶
縫上鐵絲
圍上圍巾
彩珠（金色）

雪人C 以和雪人B相同的方式製作。

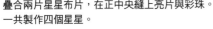

彩珠
（紅色）

雪人D 將芒草穗綁在小樹枝上，製作成掃帚。
接著以和雪人B相同的方式製作雪人D。
最後縫上掃帚。

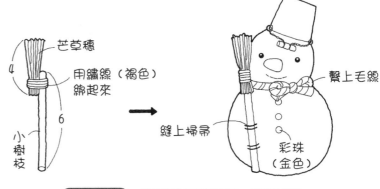

芒草穗

用繡線（褐色）
綁起來

小樹枝

繫上毛線

縫上掃帚

彩珠
（金色）

冬青樹 將鐵絲縫在冬青樹葉上，以避免脫落。
交疊縫上另一片冬青樹葉。一共製作七片冬青樹葉。

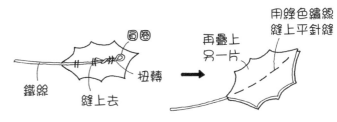

圓圈

鐵絲

縫上去

扭轉

再疊上
另一片

用綠色繡線
縫上平針縫

星星

疊合兩片星星布片，在正中央縫上亮片與彩珠。
一共製作四個星星。

不織布
（芥末黃）

彩珠

亮片

珍珠彩珠

彩珠

不織布
（米白色）

亮片
（白色）

3 將所有組件組合在一起。

將縫好組件的毛線繫在樹枝上。
另外在樹枝上裝飾冬青樹葉與木珠。

大功告成

2 串縫組件。

用針穿上毛線，參考完成圖，
由下往上縫上各組件。

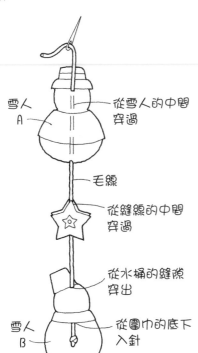

雪人
A

從雪人的中間
穿過

毛線

從縫線的中間
穿過

從水桶的縫隙
穿出

雪人
B

從圍巾的底下
入針

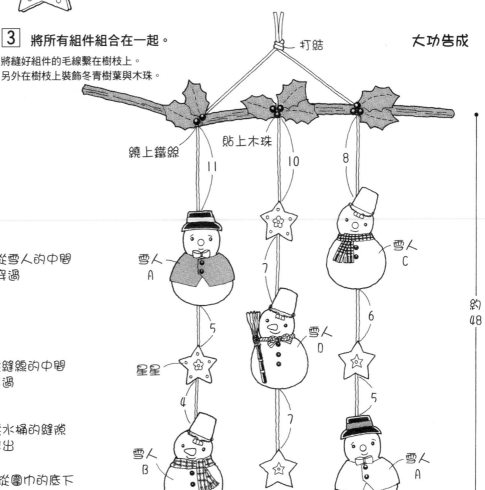

打結

繞上鐵絲

貼上木珠

11

10

8

雪人
A

雪人
C

雪人
D

星星

雪人
B

7

5

4

7

6

5

雪人
A

約48

耶誕節掛飾

作法

1 參照56頁的作法，製作雪人A、C、D。
2 以橫向的方式，用毛線把雪人串縫在一起。

材料

不織布（米白色）……20cm×20cm×2片
　　　（灰色）……8cm×6cm
　　　（紅色）……5cm×2cm
　　　（黑色）……5cm×5cm
　　　（芥末黃）……10cm×10cm
　　　（抹茶色）……5cm×1cm
　　　（駝色）……10cm×10cm
圍巾布……19cm×1.2cm
毛線（掛繩用）……2m長
毛線（圍巾用）……20cm長
直徑0.2cm的彩珠（黑色）……6個
直徑0.2cm的彩珠（金色）……3個

直徑0.2cm的彩珠（紅色）……4個
6cm長的小樹枝……1根
芒草穗……少許
鐵絲……少許
牙籤……2根
亮片2種……各4個
圓形小彩珠……8個
直徑0.2cm的珍珠彩珠……20個
25號繡線（與不織布同色）
棉花……適量
※縫製的時候，除另有指定外，其餘均使用
　與不織布同色之單股繡線。

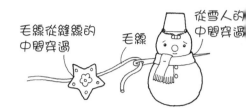

毛線從縫線的中間穿過　　毛線　　從雪人的中間穿過

大功告成

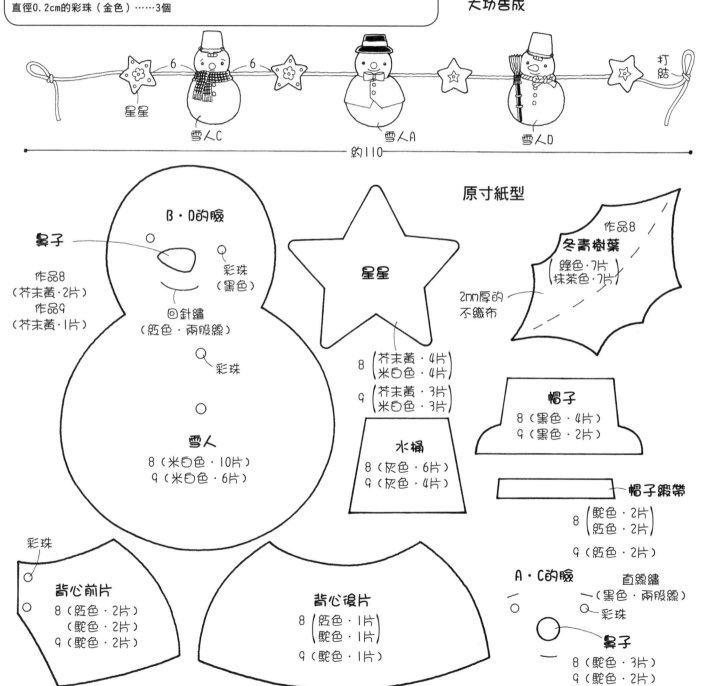

星星　　雪人C　　6　　6　　雪人A　　雪人D　　打結

約110

原寸紙型

B・D的臉

鼻子
作品8（芥末黃・2片）
作品9（芥末黃・1片）

彩珠（黑色）

回針繡（紅色・兩股線）

彩珠

雪人
8（米白色・10片）
9（米白色・6片）

星星
8（芥末黃・4片 / 米白色・4片）
9（芥末黃・3片 / 米白色・3片）

水桶
8（灰色・6片）
9（灰色・4片）

作品8
冬青樹葉（綠色・7片 / 抹茶色・7片）
2mm厚的不織布

帽子
8（黑色・4片）
9（黑色・2片）

帽子緞帶
8（駝色・2片 / 紅色・2片）
9（紅色・2片）

彩珠

背心前片
8（紅色・2片 / 駝色・2片）
9（駝色・2片）

背心後片
8（紅色・1片 / 駝色・1片）
9（駝色・1片）

A・C的臉
直線繡（黑色・兩股線）
彩珠

鼻子
8（駝色・3片）
9（駝色・2片）

第14頁 作品10 耶誕節掛飾

材料

不織布（抹茶色）……20cm×20cm
　　　　　　　　　20cm×10cm
　　　（米白色）……20cm×15cm
　　　（粉紅色）……20cm×20cm
毛線……2.5m長
亮片、彩珠……適量
樹枝……42cm長

作法

1 參考完成圖的毛線長度，用樹脂將各組件黏貼串連在一起。
　並縫上彩珠、亮片。

耶誕樹

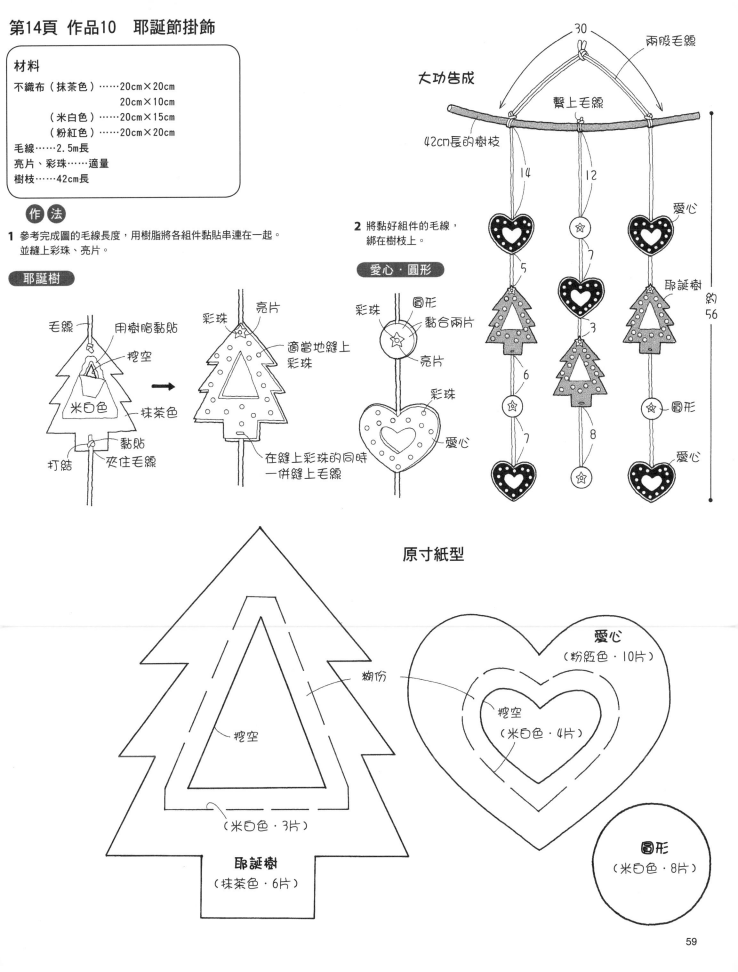

毛線
用樹脂黏貼
挖空
米白色
抹茶色
黏貼
打結
夾住毛線

彩珠
亮片
適當地縫上彩珠
在縫上彩珠的同時一併縫上毛線

2 將黏好組件的毛線，綁在樹枝上。

愛心・圓形

彩珠
圓形
黏合兩片
亮片
彩珠
愛心

大功告成

30
兩股毛線
繫上毛線
42cm長的樹枝
14　12
愛心
5
7
耶誕樹
3
6
約56
7
圓形
8
愛心

原寸紙型

糊份
挖空
（米白色・3片）
耶誕樹
（抹茶色・6片）

愛心
（粉紅色・10片）
挖空
（米白色・4片）

圓形
（米白色・8片）

59

材料

不織布（深黃色）……20cm×12cm
　　　　（紅色）……15cm×8cm
　　　　（水藍色）……5cm×6cm
　　　　（粉紅色）……10cm×5cm
　　　　（白色）……5cm×2cm
　　　　（黃綠色）……10cm×6cm
　　　　（褐色）……3cm×2cm
　　　　（綠色）……10cm×6cm
　　　　（橙色）……5cm×6cm
　　　　（藍色）……10cm×7cm
直徑0.8cm的絨球（綠色·褐色）……各1個
直徑0.5cm的鈕扣……2個
0.5cm寬的緞帶……70cm長
1cm寬的緞帶……15cm長（禮物用）
25號繡線（與不織布同色）
棉花……適量
※縫製的時候，除另有指定外，其餘均使用與
　不織布同色之單股繡線。

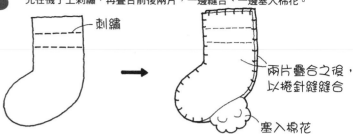

（作）（法）　**1** 製作各組件。

襪子　先在襪子上刺繡，再疊合前後兩片，一邊縫合、一邊塞入棉花。

刺繡

兩片疊合之後，
以捲針縫縫合

塞入棉花

耶誕樹　先縫合耶誕樹的三角形部分與樹幹，疊合前後兩片後，一邊縫合、一邊塞入棉花，最後貼上裝飾。一共製作兩個耶誕樹。

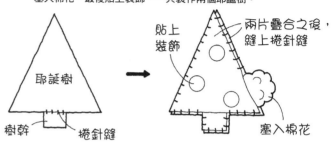

耶誕樹

貼上裝飾

兩片疊合之後，縫上捲針縫

樹幹　捲針縫　塞入棉花

禮物　先縫合盒子與蓋子，再疊合前後兩片，一邊縫合、一邊塞入棉花。最後用緞帶打個蝴蝶結，剪掉多餘的長度，黏在禮物上。

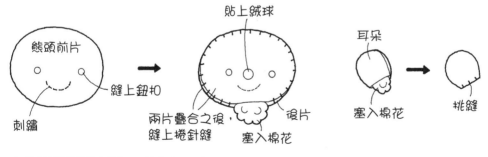

捲針縫　蓋子

盒子

塞入棉花

與後片疊合，縫上捲針縫

4

黏貼繫好的緞帶

星星　疊合兩片星星布片後，一邊縫合、一邊塞入棉花。一共製作四個星星。

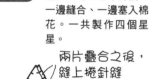

兩片疊合之後，
縫上捲針縫

塞入棉花

小熊　**1** 先繡上小熊的表情，再疊合臉部前後片，一邊縫合、一邊塞入棉花。以相同方式縫製耳朵。

3 疊合兩片身體布片後，將緞帶夾在中間縫合。最後塞入棉花。

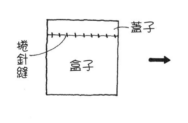

熊頭前片

縫上鈕扣

刺繡

貼上絨球

兩片疊合之後，縫上捲針縫　　後片　　塞入棉花

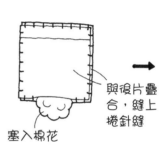

耳朵

塞入棉花　挑縫

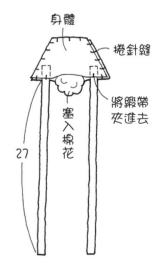

身體

捲針縫

將緞帶夾進去

塞入棉花

27

2 疊合兩片帽子的布片後，一邊縫合、一邊塞入棉花。帽子頂端縫上絨球後，將帽子縫在小熊的頭上，最後縫上耳朵。

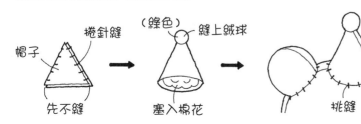

帽子　捲針縫

先不縫

（綠色）　縫上絨球

塞入棉花

挑縫

原寸紙型

星星
(水藍色・魷色・橙色・黃色)
各2片

帽子
(魷色・2片)

耳朵
(深黃色・4片)

熊頭 (深黃色・2片)

鈕扣

絨球 (褐色)

回針繡 (魷色・三股線)

耶誕樹
(綠色・黃綠色・各2片)

裝飾片
(魷色・黃色・白色)
各2片

樹幹 (褐色・2片)

身體
(魷色・2片)

回針繡
(白色・三股線)

襪子
(藍色・2片)

蓋子 (白色・1片)

後片
(粉魷色・1片)

禮物盒
(粉魷色・1片)

大功告成

2 縫上各組件。

縫合小熊的頭和身體,
並把10cm長的緞帶縫在帽子上,
最後將各組件縫在下端的緞帶上。

縫上緞帶

後片

挑縫

約
38

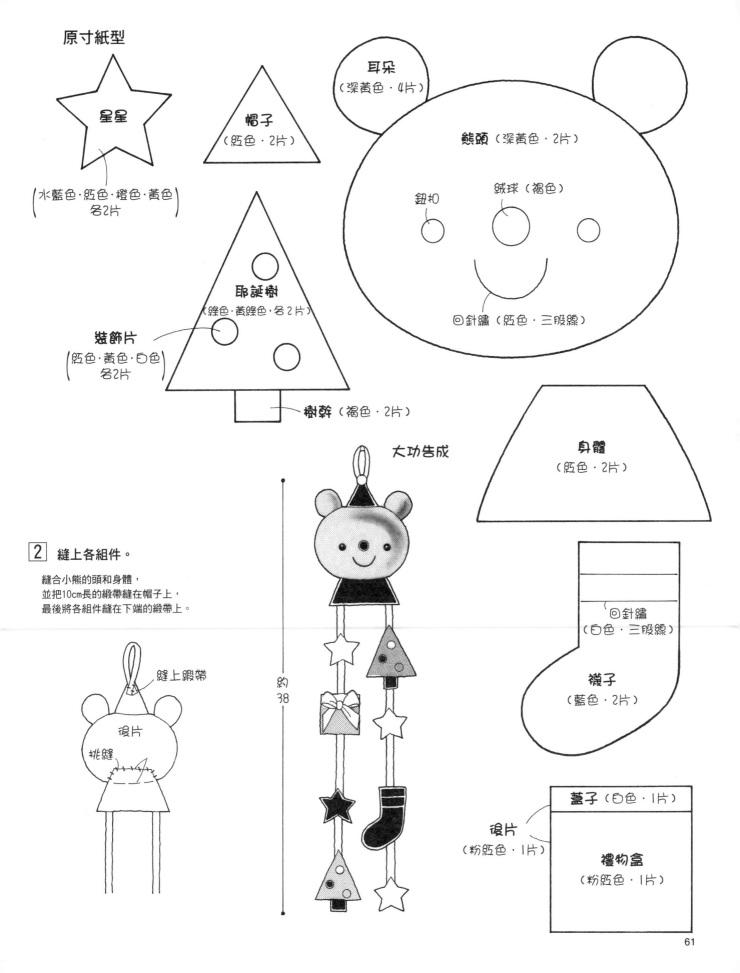

新年掛飾

材料

不織布（米白色）……20cm×10cm
　　　（芥末黃）……15cm×6cm
　　　（抹茶色）……2cm×2cm
　　　（白色）……11cm×6cm
　　　（綠色）……15cm×5cm
　　　（粉紅色）……10cm×6cm
　　　（桃紅色）……3cm×6cm
　　　（豔桃紅）……4cm×3cm
　　　（淺紫色）……3cm×4cm
　　　（紅色）……15cm×8cm
　　　（黑色）……10cm×5cm
　　　（橙色）……10cm×5cm
直徑1cm的絨球（黃色）……2個
0.3cm粗的圓繩……1m長×2條
25號繡線（與不織布同色‧黃色）
※縫製的時候，除另有指定外，其餘均使用與
　不織布同色之單股繡線。

鏡餅 分別疊合柳丁、小鏡餅及大鏡餅的前後兩片後縫合，
然後再將各部分重疊、黏起來。一共製作兩個鏡餅。

祭神驅邪幡

交疊各片驅邪幡，
挑縫固定。

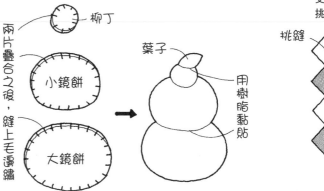

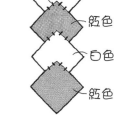

羽毛毽子 交疊毽子A，以疏縫固定底部。再用兩片毽子B夾住毽子A，然後縫合。
一共製作2個羽毛毽子。

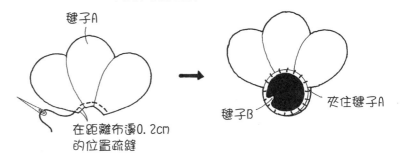

羽子板 將羽子板C黏在羽子板B上，疊合前後兩片後縫合。只在羽子板A的前片貼上花朵與葉片，貼好後和另一片羽子板A夾住羽子板B、C後縫合。
一共製作2個羽子板。

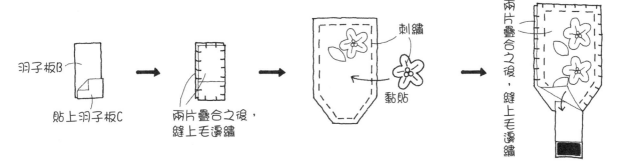

山茶花 在山茶花上刺繡後，疊合前後兩片縫合。接著在山茶花的葉片上刺繡，並將葉子挑縫在花朵的背面。一共製作兩朵山茶花。

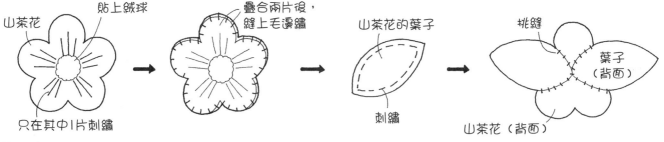

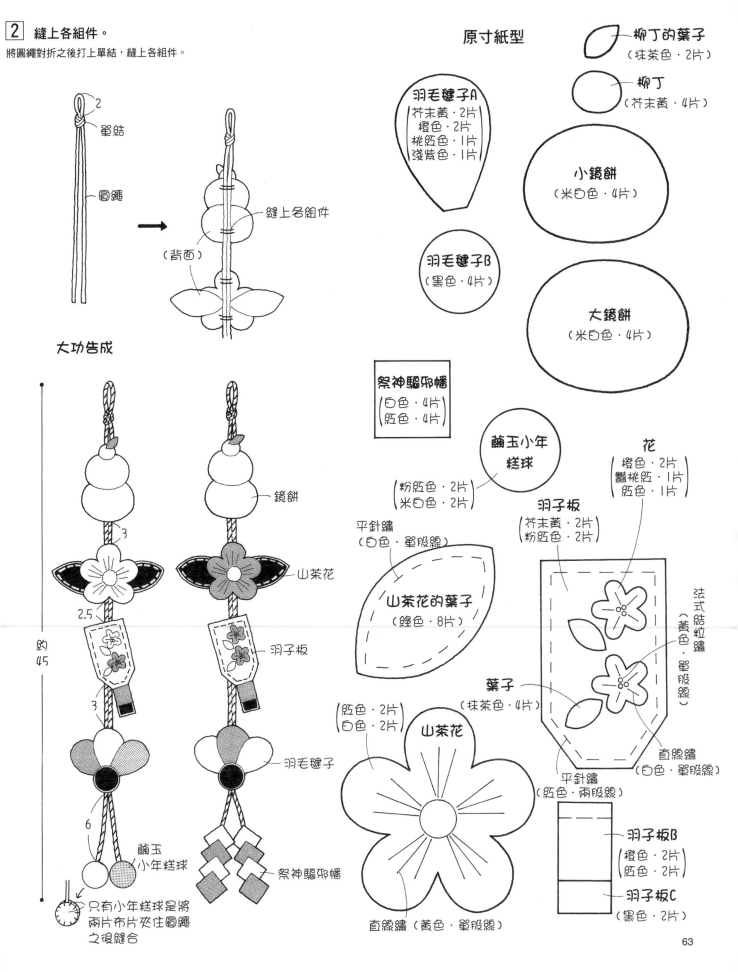

2 縫上各組件。

將圓繩對折之後打上單結，縫上各組件。

2

單結

圓繩

縫上各組件

（背面）

大功告成

鏡餅

山茶花

羽子板

羽毛毽子

繭玉小年糕球

3

2.5

約45

3

6

只有小年糕球是將兩片布片夾住圓繩之後縫合

祭神驅邪幡

原寸紙型

柳丁的葉子
（抹茶色・2片）

柳丁
（芥末黃・4片）

羽毛毽子A
芥末黃・2片
橙色・2片
桃紅色・1片
淺紫色・1片

小鏡餅
（米白色・4片）

羽毛毽子B
（黑色・4片）

大鏡餅
（米白色・4片）

祭神驅邪幡
白色・4片
紅色・4片

繭玉小年糕球

花
橙色・2片
豔桃紅・1片
紅色・1片

粉紅色・2片
米白色・2片

羽子板
芥末黃・2片
粉紅色・2片

平針繡
（白色・單股線）

法式結粒繡
（黃色・單股線）

山茶花的葉子
（綠色・8片）

葉子
（抹茶色・4片）

直線繡
（白色・單股線）

紅色・2片
白色・2片

山茶花

平針繡
（紅色・兩股線）

羽子板B
橙色・2片
紅色・2片

羽子板C
（黑色・2片）

直線繡（黃色・單股線）

63

第16頁 作品12
新年環狀掛飾

材料

不織布（紅色）……20cm×15cm
　（白色）……20cm×15cm
　（黑色）……5cm×5cm
　（綠色）……20cm×15cm
　（橙色）……3cm×5cm
　（黃色）……12cm×5cm
　（淺褐色）……5cm×10cm
　（黃綠色）……15cm×10cm
　（粉紅色）……10cm×10cm
　（淺駝色）……15cm×15cm
直徑11.5cm的手提袋提把……1個
編織繩（紅色）……4m長
25號繡線（與不織布同色）
棉花……適量
※縫製的時候，除另有指定外，其餘均
　使用與不織布同色之單股繡線。

作法

1 製作各組件。

羽子板　把花朵貼在羽子板的布片上，疊合前後兩片之後，一邊縫合、一邊塞入棉花。一共製作三個羽子板。

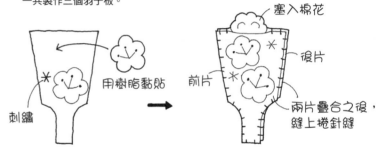

達摩不倒翁　將臉貼在前片上。繡上花紋之後，疊合前後兩片，一邊縫合、一邊塞入棉花。一共製作兩個達摩不倒翁。

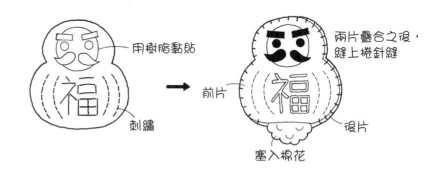

舞獅

將五官貼在獅臉前片上。疊合獅臉前後片之後，一邊縫合、一邊塞入棉花。在獅身上刺繡，縫合前後片，塞入棉花。
最後縫合獅臉與獅身。一共製作兩隻舞獅。

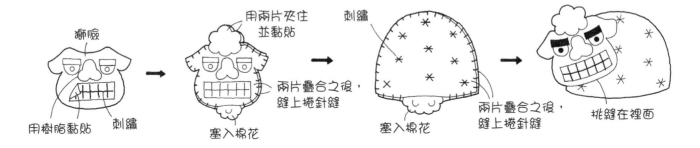

門松　縫合松樹與底座，疊合前後兩片後，一邊縫合、一邊塞入棉花。先黏好竹子，再將竹子、梅花與葉子黏在松樹上。一共製作兩個門松。

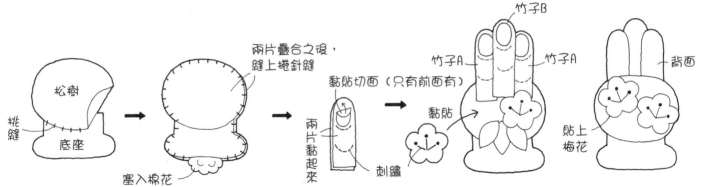

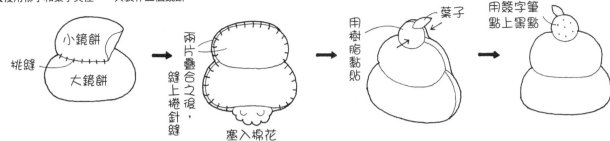

鏡餅 先交疊並挑縫鏡餅。將前後兩片鏡餅疊合後，一邊縫合、一邊塞入棉花。
最後用柳丁和葉子夾住。一共製作三個鏡餅。

小鏡餅
大鏡餅
挑縫
兩片疊合之後，縫上捲針縫
塞入棉花
葉子
用樹脂黏貼
用簽字筆點上黑點

2 **縫上各組件。**

用針穿上編織繩，由下往上縫上各組件，並在最下方黏貼小年糕球。將圓環分成四等分，繫上編織繩。
最後將吊掛用的編織繩在正上方打結。

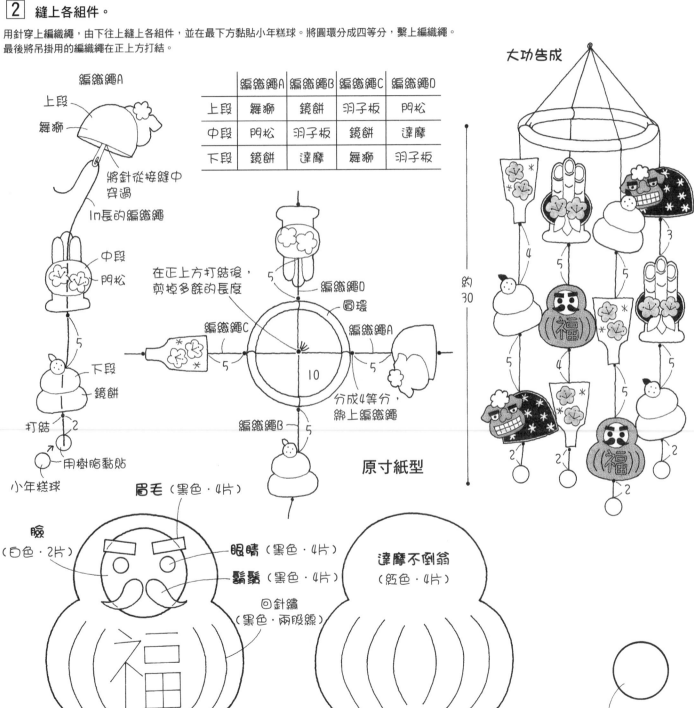

	編織繩A	編織繩B	編織繩C	編織繩D
上段	舞獅	鏡餅	羽子板	門松
中段	門松	羽子板	鏡餅	達摩
下段	鏡餅	達摩	舞獅	羽子板

編織繩A
上段
舞獅
將針從接縫中穿過
1m長的編織繩
中段
門松
5
下段
鏡餅
打結
2
用樹脂黏貼
小年糕球

在正上方打結後，剪掉多餘的長度
編織繩D
圓環
編織繩C
編織繩A
5
10
5
分成4等分，綁上編織繩
編織繩B
5

原寸紙型

大功告成

約30

眉毛（黑色·4片）
臉（白色·2片）
眼睛（黑色·4片）
鬍鬚（黑色·4片）
回針繡（黑色·兩股線）
福
直線繡（褐色·兩股線）

達摩不倒翁（紅色·4片）

繭玉小年糕球

續下頁

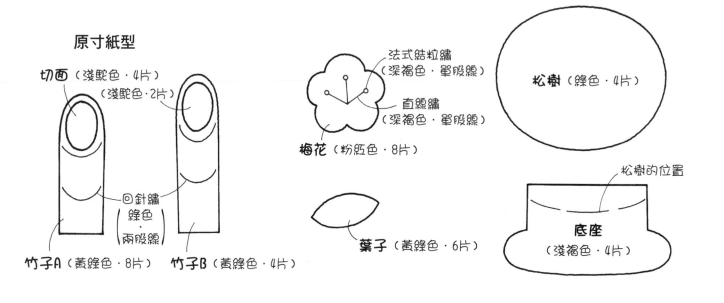

原寸紙型

切面（淺駝色・4片）
（淺駝色・2片）

回針繡
（綠色・兩股線）

竹子A（黃綠色・8片）　竹子B（黃綠色・4片）

法式結粒繡
（深褐色・單股線）

直線繡
（深褐色・單股線）

梅花（粉紅色・8片）

葉子（黃綠色・6片）

松樹（綠色・4片）

松樹的位置

底座
（淺褐色・4片）

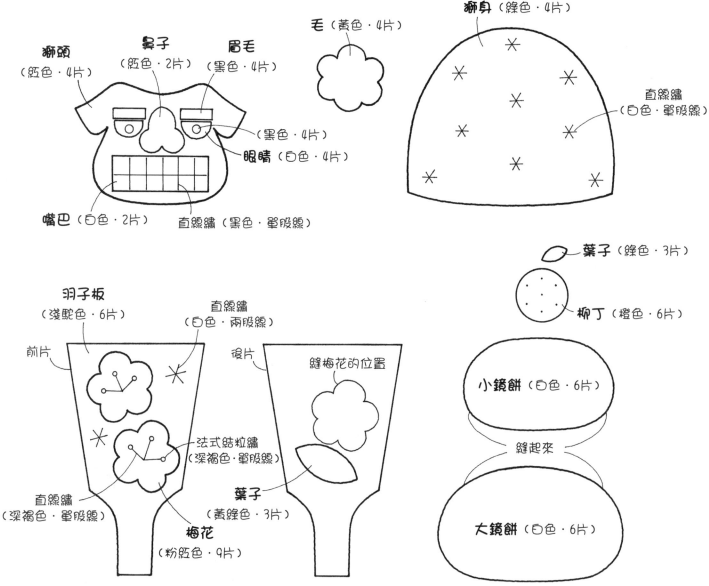

獅頭
（紅色・4片）

鼻子
（紅色・2片）

眉毛
（黑色・4片）

毛（黃色・4片）

獅身（綠色・4片）

（黑色・4片）

眼睛（白色・4片）

直線繡
（白色・單股線）

嘴巴（白色・2片）

直線繡（黑色・單股線）

葉子（綠色・3片）

柳丁（橙色・6片）

羽子板
（淺駝色・6片）

直線繡
（白色・兩股線）

前片

後片

縫梅花的位置

小鏡餅（白色・6片）

縫起來

法式結粒繡
（深褐色・單股線）

直線繡
（深褐色・單股線）

葉子
（黃綠色・3片）

梅花
（粉紅色・9片）

大鏡餅（白色・6片）

第18頁 作品13
十二生肖掛飾

材料

不織布（鮭魚粉色）…10cm×14cm
　　　（桃紅色）…10cm×14cm
　　　（淺粉紅色）…10cm×14cm
直徑1.8cm的蕾絲花片…3片
直徑0.4cm的珍珠彩珠…3個
1cm寬的緞帶…140cm長
毛線、棉花、風箏線…適量
25號繡線
※縫製的時候，除另有指定外，其餘均使
　用與不織布同色之單股繡線。
※原寸紙型請見68頁。

2 製作毛線球。

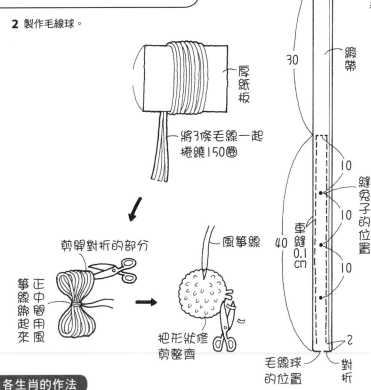

剪開對折的部分

正中間用風箏線綁起來

風箏線

把形狀修剪整齊

厚紙板

將3條毛線一起捲繞150圈

作法

1 先將蕾絲花片縫在兔子身上，疊合前後兩片後，一邊縫合、一邊塞入棉花。
　一共製作出三種顏色的兔子。

珍珠彩珠

刺繡

蕾絲花片

疊合兩片之後，用捲針縫縫合

塞入棉花

3 將緞帶對折之後車縫，再縫上兔子，
　毛線球則綁在緞帶的尾端。

30
緞帶
10
縫兔子的位置
車縫 0.1cm
10
10
2
毛線球的位置
對折
40

挑縫

穿上風箏線後打結

大功告成

約45cm

各生肖的作法

子（鼠）　先在前片刺繡。將前後兩片疊合後，一邊縫合、一邊塞入棉花。
丑（牛）　先在前片拼縫及刺繡。將前後兩片疊合後，一邊縫合、一邊塞入棉花。
寅（虎）　先在前片刺繡。將前後兩片疊合後，一邊縫合、一邊塞入棉花。
卯（兔）　先在前片刺繡，並縫上蕾絲。將前後兩片疊合後，
　　　　　一邊縫合、一邊塞入棉花。
辰（龍）　先在前片刺繡，並縫上彩珠。將前後兩片疊合後，
　　　　　一邊縫合、一邊塞入棉花。
巳（蛇）　先在前片刺繡。將前後兩片疊合後，一邊縫合、一邊塞入棉花。

午（馬）　先在前片刺繡，並縫上繡帶。將前後兩片疊合後，一邊縫合、一邊塞入棉花。
未（羊）　先在前片刺繡。將前後兩片疊合後，一邊縫合、一邊塞入棉花。
申（猴）　先在前片拼縫臉孔並刺繡。將前後兩片疊合後，
　　　　　一邊縫合、一邊塞入棉花。最後縫上裝飾。
酉（雞）　先在前片刺繡。將前後兩片疊合後，一邊縫合、一邊塞入棉花。
戌（狗）　先在前片刺繡，並縫上緞帶。將前後兩片疊合後，
　　　　　一邊縫合、一邊塞入棉花。
亥（豬）　先在前片刺繡。將前後兩片疊合後，一邊縫合、一邊塞入棉花。

縫製方法範例

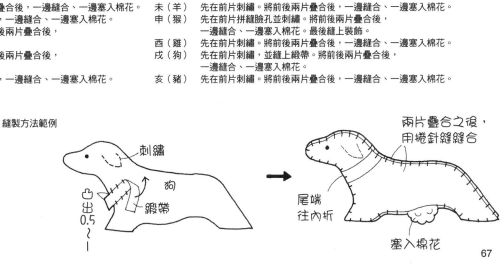

刺繡

狗

緞帶

出口 0.5〜1

兩片疊合之後，用捲針縫縫合

刺繡

尾端往內折

塞入棉花

子

材料
不織布（淺灰色）10cm×10cm
25號繡線（淺灰色、深灰色）
棉花適量

原寸紙型

※所有動物的眼睛均
使用緞面繡，線條
則使用輪廓繡

卯

材料
不織布（米白色）10cm×14cm
直徑1.8cm的蕾絲花片1片
直徑0.4cm的珍珠彩珠1個
25號繡線（白色、紅色）、棉花適量

鼠（淺灰色·2片）

（深灰色）

蕾絲花片

兔（米白色·2片）

肌色

珍珠彩珠

丑

材料
不織布（白色）10cm×14cm、不織布（黑色）4cm×4cm
25號繡線（白色、黑色）、直徑1.8cm的鈕扣1個
棉花適量

辰

材料
不織布（芥末黃）
　　14cm×10cm
25號繡線（金蔥紫
　、綠色、芥末黃）
直徑0.3cm的彩珠3個
棉花適量

（黑色）

鈕扣

圖案
（黑色·1片）

牛（白色·2片）

（綠色）

（紫色）

彩珠

龍（芥末黃·2片）

寅

材料
不織布（土黃色）12cm×10cm
25號繡線（土黃色、深褐色、白色、綠色）
棉花適量

巳

材料
不織布（黃綠色）10cm×14cm
25號繡線（黃綠色、紅色、紫色）
棉花適量

緞面繡
（綠色）

（深褐色）

（紫色）

（肌色）

長短針繡
（白色）

虎（土黃色·2片）

緞面繡
（深褐色）

蛇（黃綠色·2片）

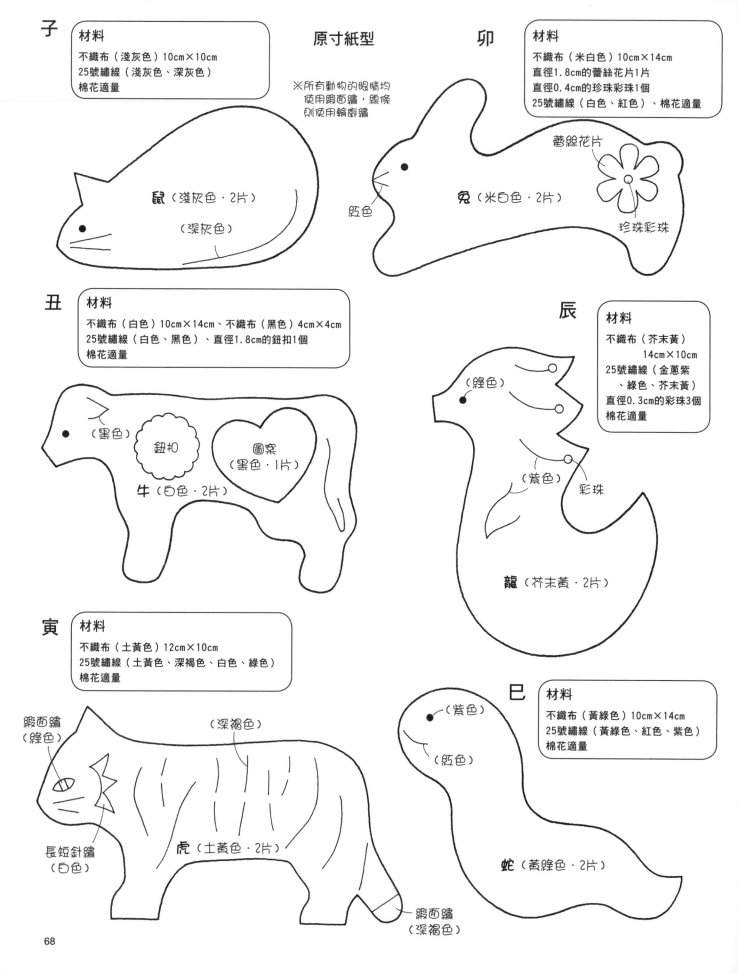

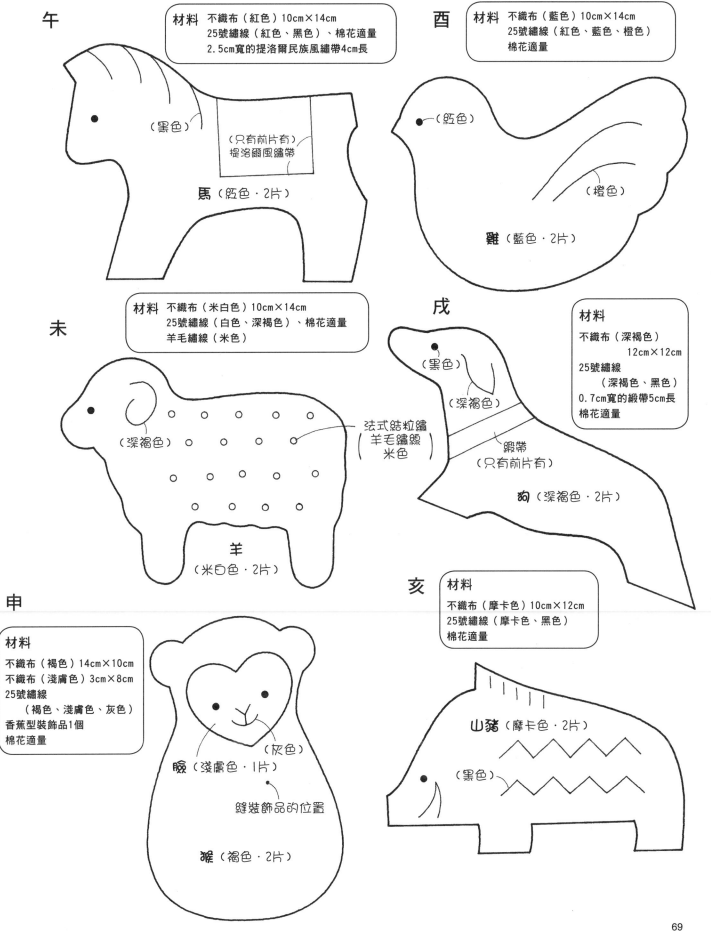

午

材料　不織布（紅色）10cm×14cm
　　　25號繡線（紅色、黑色）、棉花適量
　　　2.5cm寬的提洛爾民族風繡帶4cm長

（黑色）

（只有前片有）
提洛爾風繡帶

馬（紅色・2片）

酉

材料　不織布（藍色）10cm×14cm
　　　25號繡線（紅色、藍色、橙色）
　　　棉花適量

（紅色）

（橙色）

雞（藍色・2片）

未

材料　不織布（米白色）10cm×14cm
　　　25號繡線（白色、深褐色）、棉花適量
　　　羊毛繡線（米色）

（深褐色）

法式結粒繡
（羊毛繡線
米色）

羊
（米白色・2片）

戌

材料
不織布（深褐色）
　　　12cm×12cm
25號繡線
　　（深褐色、黑色）
0.7cm寬的緞帶5cm長
棉花適量

（黑色）

（深褐色）

緞帶
（只有前片有）

狗（深褐色・2片）

申

材料
不織布（褐色）14cm×10cm
不織布（淺膚色）3cm×8cm
25號繡線
　　（褐色、淺膚色、灰色）
香蕉型裝飾品1個
棉花適量

（灰色）

臉（淺膚色・1片）

縫裝飾品的位置

猴（褐色・2片）

亥

材料
不織布（摩卡色）10cm×12cm
25號繡線（摩卡色、黑色）
棉花適量

山豬（摩卡色・2片）

（黑色）

愛心造型北歐風掛飾

材料

不織布（深藍色）……20cm×15cm
　　　　（黃色）……12cm×10cm
　　　　（紅色）……20cm×15cm
　　　　（白色）……12cm×10cm
　　　　（米白色）……20cm×15cm
　　　　（藍色）……12cm×10cm
1cm寬的織帶……75cm長
1cm寬的緞帶……75cm長
鈴鐺……3個
25號繡線（與不織布同色）
棉花……適量
※縫製的時候，除另有指定外，其餘均
　使用與不織布同色之單股繡線。

作法

1 將十字花樣縫在愛心前片上，接著疊合愛心後片，縫合外圍。

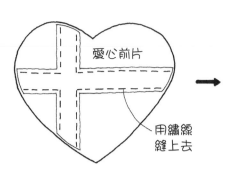
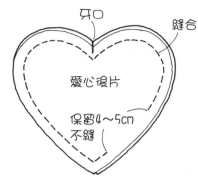

2 翻至正面，塞入棉花後，挑縫返口。
　在愛心的尖端縫上鈴鐺。

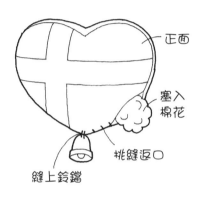

4 將帶子挑縫於愛心後片上。

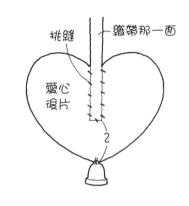

3 疊合緞帶與織帶後，縫合兩者。

原寸紙型

大功告成

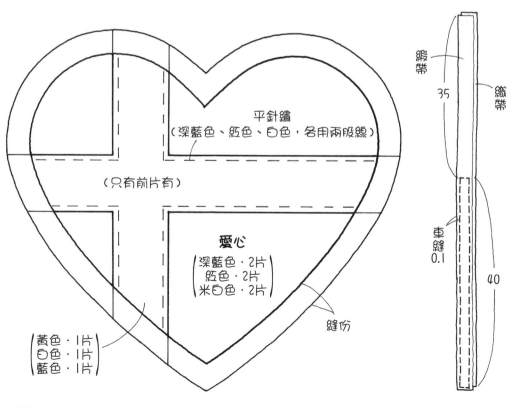

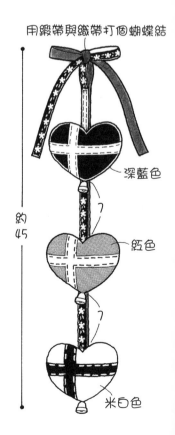

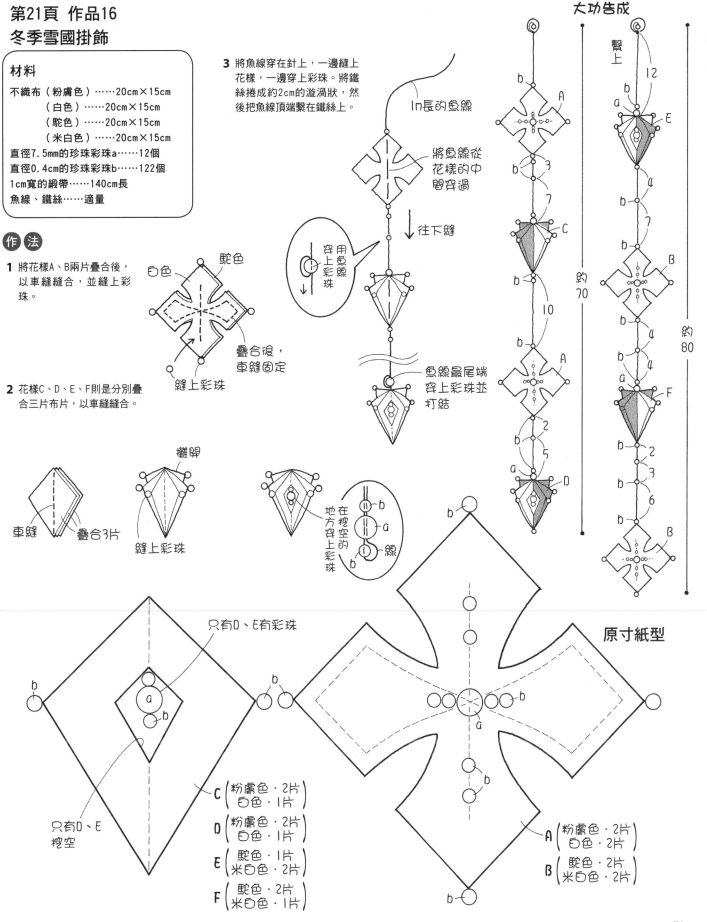

第21頁 作品16
冬季雪國掛飾

材料

不織布（粉膚色）……20cm×15cm
　　　　（白色）……20cm×15cm
　　　　（駝色）……20cm×15cm
　　　　（米白色）……20cm×15cm
直徑7.5mm的珍珠彩珠a……12個
直徑0.4cm的珍珠彩珠b……122個
1cm寬的緞帶……140cm長
魚線、鐵絲……適量

作法

1 將花樣A、B兩片疊合後，以車縫縫合，並縫上彩珠。

白色　駝色
疊合後，車縫固定
縫上彩珠

2 花樣C、D、E、F則是分別疊合三片布片，以車縫縫合。

車縫　疊合3片
攤開
縫上彩珠
在挖空的地方穿上彩珠

3 將魚線穿在針上，一邊縫上花樣，一邊穿上彩珠。將鐵絲捲成約2cm的漩渦狀，然後把魚線頂端繫在鐵絲上。

1m長的魚線
將魚線從花樣的中間穿過
往下縫
用魚線穿上彩珠
魚線最尾端穿上彩珠並打結

繫上
約70
約80

原寸紙型

只有D、E有彩珠
只有D、E挖空

C（粉膚色‧2片 / 白色‧1片）
D（粉膚色‧2片 / 白色‧1片）
E（駝色‧1片 / 米白色‧2片）
F（駝色‧2片 / 米白色‧1片）

A（粉膚色‧2片 / 白色‧2片）
B（駝色‧2片 / 米白色‧2片）

第23頁 作品18
白色立體圓球掛飾

材料（製作3串的數量）

不織布（白色）20cm×20cm×8片
直徑0.3cm的彩珠（大）48個
直徑0.2cm的彩珠（小）60個
魚線20cm長×3條

原寸紙型

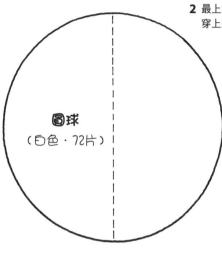

圓球
（白色·72片）

在正中央車縫一道線

大功告成

作法

1 疊合兩枚圓形布片後，在中央車縫一道線，做成立體圓球。
串起立體圓球，並在圓球之間縫上彩珠，
一串共縫上12個立體圓球。

疊合兩片
在正中央車縫一道線

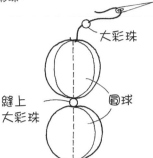

大彩珠
縫上大彩珠
圓球

2 最上端縫上魚線，
穿上彩珠之後打結。

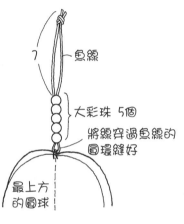

魚線
大彩珠 5個
將線穿過魚線的圓環縫好
最上方的圓球

3 在最下方縫上彩珠。
一共製作三串。

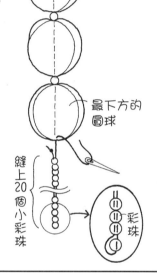

最下方的圓球
縫上20個小彩珠
彩珠

約90

第24頁 作品19
女孩房掛飾

材料

不織布（鮭魚粉色）……20cm×20cm
　　　（淺粉紅色）……20cm×15cm
　　　（紅色）……20cm×20cm
　　　（粉紅色）……15cm×15cm
　　　（嫩粉紅）……20cm×20cm
　　　（桃紅色）……20cm×15cm
　　　（豔桃紅）……20cm×15cm
　　　（玫瑰粉紅）……20cm×20cm
　　　（白色）……15cm×15cm
　　　（黃綠色）……10cm×10cm
　　　（抹茶色）……10cm×10cm
直徑3.5mm的珍珠彩珠（小）……324個
直徑6mm的珍珠彩珠（大）……20個
65cm長的圓棒
魚線、棉花、樹脂黏土……適量
0.8cm寬的蕾絲……25cm長
珠繩……80cm長
25號繡線（與不織布同色·黃色·深褐色）
※原寸紙型請見74頁。

作法

1 製作各組件。

兔子　先在前片刺繡。將前後兩片疊合後，一邊縫合一邊塞入棉花。
一共製作四隻兔子。

只在前片刺繡
疊合兩片後，用毛邊繡縫合
塞入棉花

蝴蝶結

疊合兩片蝴蝶結的布片後，一邊縫合、一邊塞入棉花。
一共製作四個蝴蝶結。

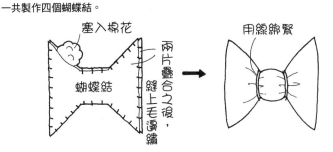

塞入棉花
用線綁緊
蝴蝶結
兩片疊合之後，縫上毛邊繡

花朵

疊合兩片花朵的布片後，一邊縫合、一邊塞入棉花，最後再縫上花芯。
一共製作四朵花。

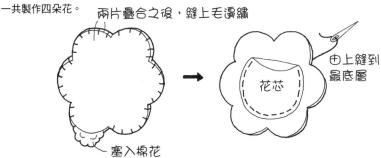

兩片疊合之後，縫上毛邊繡
塞入棉花
花芯
由上縫到最底層

草莓

先縫合草莓與蒂頭，疊合前後兩片後，一邊縫合、一邊塞入棉花。
一共製作四個草莓。

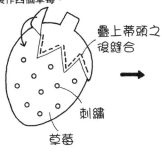

疊上蒂頭之後縫合
刺繡
草莓
塞入棉花
兩片疊合之後，縫上毛邊繡

愛心

疊合兩片愛心布片後，一邊縫合、一邊塞入棉花。
一共製作四個愛心。

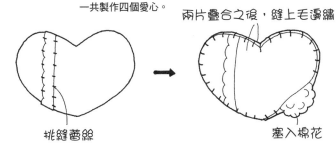

兩片疊合之後，縫上毛邊繡
挑縫蕾絲
塞入棉花

2 組合各組件。

用針穿上魚線後，交叉縫上組件與彩珠，然後將魚線綁在圓棒上。
在圓棒兩端黏上黏土，最後將珠繩繫在圓棒上。

大功告成

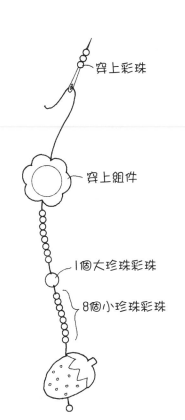

穿上彩珠
穿上組件
1個大珍珠彩珠
8個小珍珠彩珠

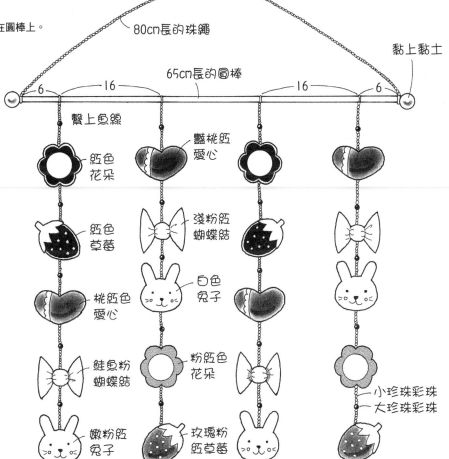

80cm長的珠繩
黏上黏土
65cm長的圓棒
6　16　16　6
繫上魚線
約57

紅色花朵
豔桃紅愛心
紅色草莓
淺粉紅蝴蝶結
桃紅色愛心
白色兔子
鮭魚粉蝴蝶結
粉紅色花朵
嫩粉紅兔子
玫瑰粉紅草莓
小珍珠彩珠
大珍珠彩珠
小珍珠彩珠

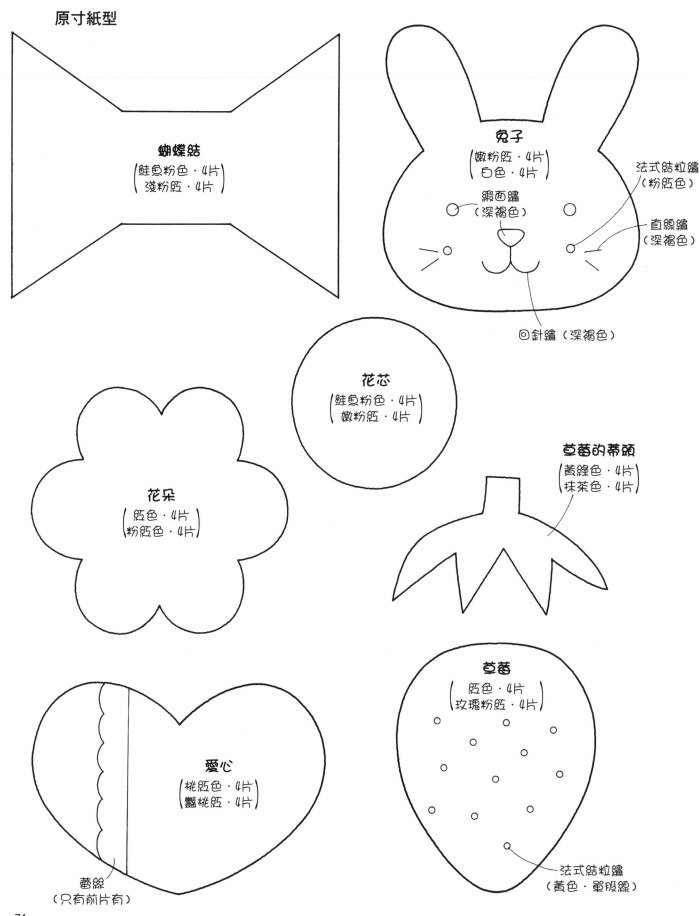

原寸紙型

蝴蝶結
(鮭魚粉色・4片)
(淺粉紅・4片)

兔子
(嫩粉紅・4片)
(白色・4片)

緞面繡
(深褐色)

法式結粒繡
(粉紅色)

直線繡
(深褐色)

回針繡（深褐色）

花芯
(鮭魚粉色・4片)
(嫩粉紅・4片)

草莓的蒂頭
(黃綠色・4片)
(抹茶色・4片)

花朵
(紅色・4片)
(粉紅色・4片)

愛心
(桃紅色・4片)
(豔桃紅・4片)

蕾絲
(只有前片有)

草莓
(紅色・4片)
(玫瑰粉紅・4片)

法式結粒繡
(黃色・單股線)

第22頁 作品17
異國風情花朵掛飾

第22頁 作品17

材料

不織布（抹茶色·橙色·豔桃紅）……各7cm×7cm
　　　（薄荷綠·淺橙色·粉紅色）
　　　　　　　　　　　　……各20cm×20cm
　　　（翡翠綠·土黃色·胭脂紅）
　　　　　　　　　　　　……各20cm×20cm
粗0.2cm的繩子（翡翠綠·紅色·黃色）……各3m長
圓形大彩珠（3色）……60個
25號繡線（與不織布同色）

作法

1 疊合花朵C、D、E並刺繡。再疊上花朵A、B，並繡上花蕊，全部疊合後，縫上彩珠。

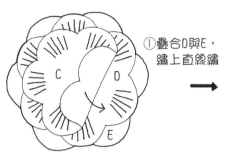

①疊合D與E，繡上直線繡

②接著疊上C，繡上直線繡

將彩珠從A縫到E固定

疊上A與B，繡上直線繡

2 將繩子繞在厚紙板上，上方多出來的部分縫在花朵的背面。用線手縫固定流蘇，並剪開對折的部分。最後貼上F。

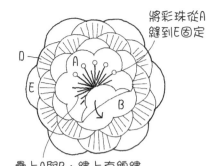

對折處
繩子
留下30cm
厚紙板
15
繩子

縫起來固定
綁住對折的部分
E（背面）
用線綁起來

用樹脂貼上F

打結
彩珠
線

穿上彩珠，纏上線
剪開對折的部分

大功告成

	綠色系	黃色系	紅色系
A	抹茶色	橙色	豔桃紅
B	薄荷綠	淺橙色	粉紅色
C	薄荷綠	淺橙色	粉紅色
D	薄荷綠	淺橙色	粉紅色
E	翡翠綠	土黃色	胭脂紅
F	翡翠綠	土黃色	胭脂紅

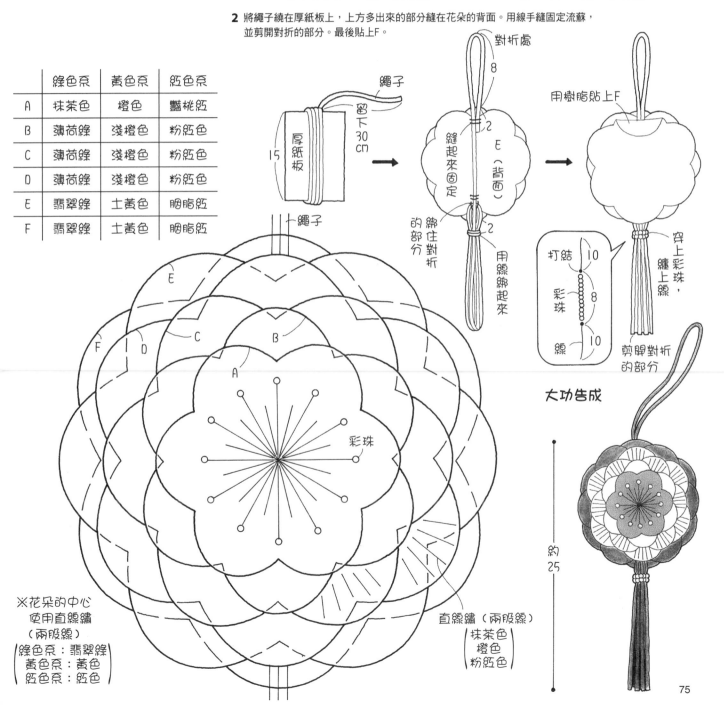

E
C
B
F D
A
彩珠

※花朵的中心使用直線繡（兩股線）
綠色系：翡翠綠
黃色系：黃色
紅色系：紅色

直線繡（兩股線）
抹茶色
橙色
粉紅色

約25

75

材料

不織布（蛋黃色）……20cm×20cm×2片
　　　（淺粉紅）……20cm×20cm
　　　（褐色）……20cm×5cm
　　　（淺褐色）……20cm×10cm
　　　（抹茶色）……20cm×10cm
　　　（橙色）……20cm×10cm
　　　（紅色）……10cm×5cm
　　　（淺紫色）……20cm×15cm
　　　（黃色）……6cm×2cm
　　　（深紫色）……15cm×10cm
　　　（深褐色）……10cm×10cm
　　　（白色）……20cm×20cm
風箏線……1.6m長
木製衣架……1個
羊眼螺絲……5個
棉花、海綿……適量
25號繡線（與不織布同色）
※縫製的時候，除另有指定外，其餘均使用
　與不織布同色之單股繡線。
※超出20cm長的組件，在適當的位置接合。
※原寸紙型請見78、79頁。
※放入蛋糕裡的海綿可用棉花代替。

作法　①　製作各組件。

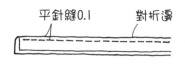

甜甜圈　1 將甜甜圈的側邊對折之後縫合。

甜甜圈的側邊（蛋黃色・1片）

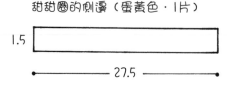

1.5
27.5

平針縫0.1　　對折邊

2 將甜甜圈的側邊和甜甜圈縫合後，剪掉多餘的部分。

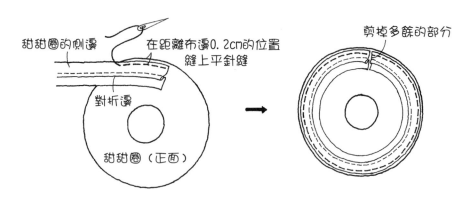

甜甜圈的側邊
對折邊
在距離布邊0.2cm的位置縫上平針縫
甜甜圈（正面）
剪掉多餘的部分

3 將甜甜圈的側邊和另一片甜甜圈縫合後，從內圈翻回正面，並縫合內圈。

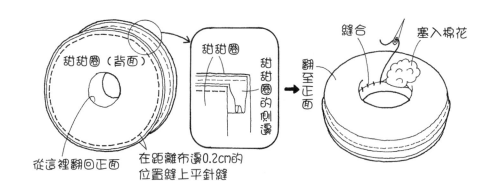

甜甜圈（背面）
甜甜圈
甜甜圈的側邊
翻至正面
縫合　塞入棉花
從這裡翻回正面
在距離布邊0.2cm的位置縫上平針縫

4 在餅乾碎片的外緣縫上疏縫並縮縫後，將之縫在巧克力上。再將巧克力縫到甜甜圈上，最後縫上風箏線。

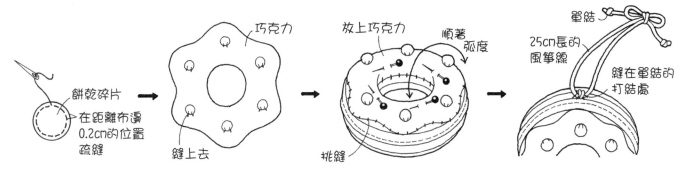

餅乾碎片
在距離布邊0.2cm的位置疏縫
巧克力
縫上去
放上巧克力
順著弧度
挑縫
單結
25cm長的風箏線
縫在單結的打結處

1 縫合蛋糕側邊的尾端，並組合縫上蛋糕頂面。塞進裁成圓柱形的海綿，最後縫上蛋糕底面。

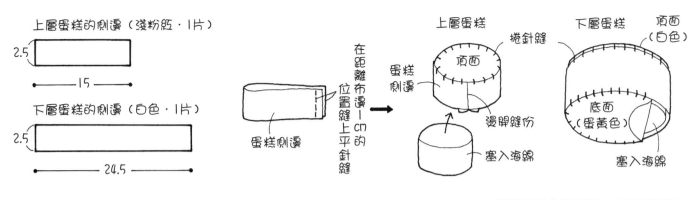

上層蛋糕的側邊（淺粉紅‧1片）

2.5

← 15 →

下層蛋糕的側邊（白色‧1片）

2.5

← 24.5 →

蛋糕側邊

在距離布邊1cm的位置縫上平針縫

上層蛋糕　捲針縫
蛋糕側邊　頂面
燙開縫份
塞入海綿

下層蛋糕　頂面（白色）
底面（蛋黃色）
塞入海綿

2 疏縫藍莓內層的布片，並塞入棉花。在外層布片剪出牙口、疏縫後，將內層塞進外層包起來。一共製作六顆藍莓。

3 將鮮奶油的布片疏縫後，塞入棉花再縮縫。一共製作五團鮮奶油。

4 縫合草莓布片側邊，翻至正面後，塞入棉花。在呈現圓弧形的布邊疏縫後縮縫，並以法式結粒繡（蛋黃色‧兩股線）繡上表面的顆粒。最後縫上風箏線。

5 先縫合蛋糕上下層，再縫上水果與鮮奶油。最後在底面縫上已經接上馬卡龍的風箏線。

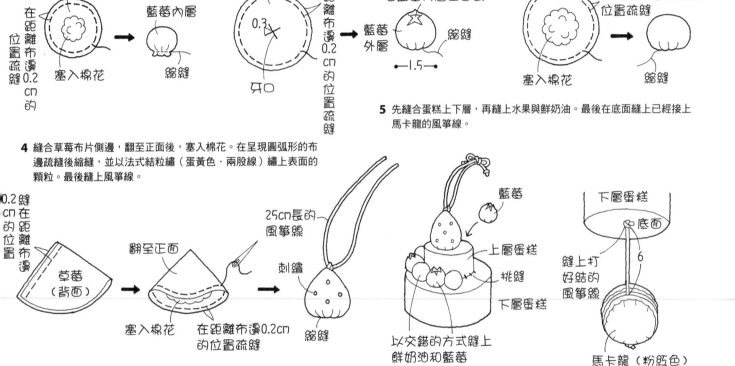

藍莓內層
在距離布邊0.2cm的位置疏縫
塞入棉花
縮縫

藍莓外層
0.3
牙口
在距離布邊0.2cm的位置疏縫

把藍莓內層塞進去
藍莓外層
縮縫
← 1.5 →

在距離布邊0.2cm的位置疏縫
塞入棉花
縮縫

0.2cm
縫在距離布邊的位置

草莓（背面）
翻至正面
塞入棉花
在距離布邊0.2cm的位置疏縫

25cm長的風箏線
刺繡
縮縫

藍莓
上層蛋糕
挑縫
下層蛋糕
以交錯的方式縫上鮮奶油和藍莓

下層蛋糕
底面
縫上打好結的風箏線
6
馬卡龍（粉紅色）

疏縫馬卡龍A，塞入棉花縮縫後，縫上馬卡龍B。中間夾進奶油，然後將兩組馬卡龍A、B縫合。
將風箏線從馬卡龍與奶油的縫隙間穿過，並且打結固定，避免鬆脫。一共製作五個馬卡龍。

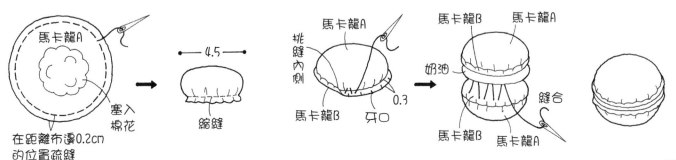

馬卡龍A
塞入棉花
在距離布邊0.2cm的位置疏縫
縮縫
← 4.5 →

馬卡龍A
挑縫內側
馬卡龍B
牙口
0.3

馬卡龍B　馬卡龍A
奶油
縫合
馬卡龍B　馬卡龍A

1 在蛋糕切面上縫上奶油。接著將另一片蛋糕切面上的奶油縫成左右對稱的樣子。

2 將蛋黃色的側邊和切面縫合，剪好海綿後，塞入海綿。

瑞士捲的側邊（褐色·1片 蛋黃色·1片）

2.5

23.5

將奶油放在上面

挑縫

蛋糕切面

蛋黃色

塞進去

側邊

切面

依照形狀裁剪海綿

多餘的部分重疊

3 縫上另一片切面。

捲針縫

蛋黃色的側邊

4 捲上褐色的側邊後，以捲針縫縫合。

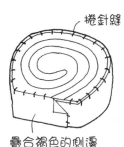

捲針縫

疊合褐色的側邊

5 將風箏線縫在側邊。

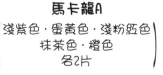

縫在單結的打結處

原寸紙型

馬卡龍的奶油
（白色·5片）

2 將各組件掛在衣架上。

在衣架上塗上自己喜歡的顏色，並寫上文字。將羊眼螺絲裝在衣架上，然後把甜點上的風箏線綁好掛在羊眼螺絲上。

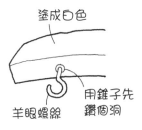

塗成白色

羊眼螺絲

用錐子先鑽個洞

馬卡龍A
（淺紫色·蛋黃色·淺粉紅色 抹茶色·橙色）
各2片

大功告成

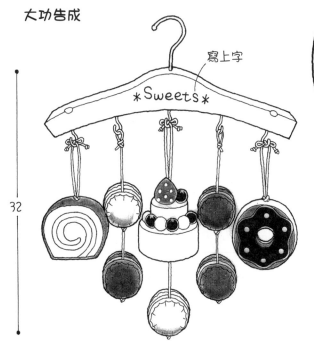

寫上字

Sweets

32

馬卡龍B
（淺紫色·蛋黃色·淺粉紅色 抹茶色·橙色）
各2片

原寸紙型

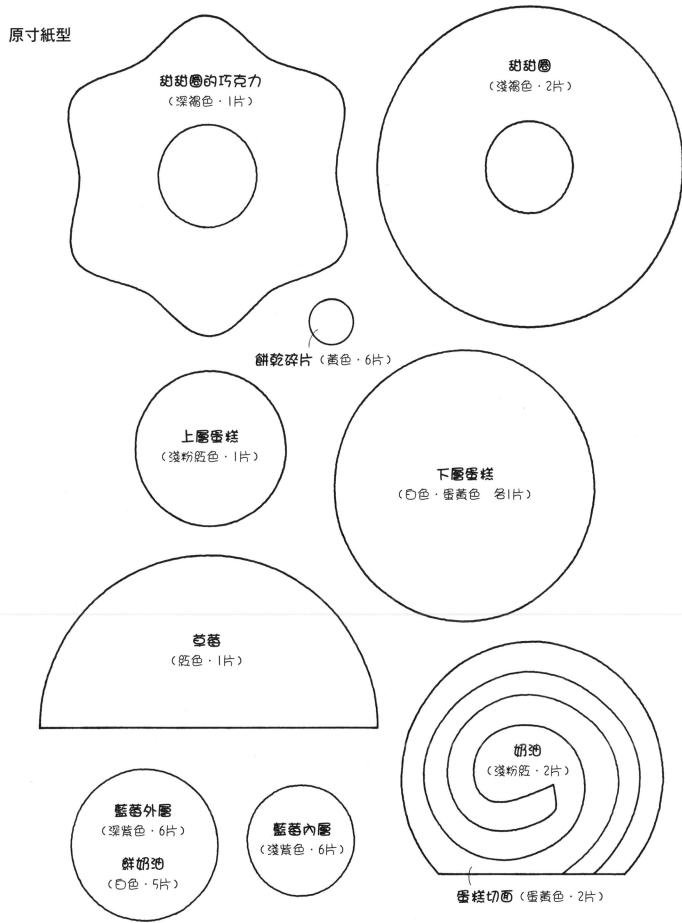

甜甜圈的巧克力
（深褐色‧1片）

甜甜圈
（淺褐色‧2片）

餅乾碎片（黃色‧6片）

上層蛋糕
（淺粉紅色‧1片）

下層蛋糕
（白色‧蛋黃色　各1片）

草莓
（紅色‧1片）

奶油
（淺粉紅‧2片）

藍莓外層
（深紫色‧6片）

藍莓內層
（淺紫色‧6片）

鮮奶油
（白色‧5片）

蛋糕切面（蛋黃色‧2片）

作品25的材料

不織布（橙色）……15cm×8cm
　　　　（水藍色）……20cm×8cm
　　　　（黃綠色）……7cm×5cm
　　　　（深橙色）……15cm×5cm
　　　　（粉紅色）……20cm×8cm
　　　　（蛋黃色）……7cm×5cm
　　　　（白色）……20cm×15cm
　　　　（翡翠綠）……2cm×2cm
直徑1cm的絨球（綠色）……1個、（白色）……7個
直徑0.5cm的彩珠……6個
0.3cm寬的皮繩（軟質）……15cm長
棉花……適量
25號繡線（與不織布同色‧深褐色）
※縫製的時候，除另有指定外，其餘均使用與不織
　布同色之單股繡線。

作品24的材料

不織布（藍色‧紫色）……15cm×10cm
　　　　（黃綠色）……20cm×13cm
　　　　（薄荷綠）……8cm×8cm
　　　　（翡翠綠‧淺粉紅）……8cm×5cm
　　　　（粉紅色）……8cm×5cm
　　　　（蛋黃色‧天空藍）……5cm×5cm
　　　　（白色）……2cm×2cm
　　　　（水藍色）……15cm×8cm
直徑1cm的絨球（白色）……1個、（藍色）……7個
直徑0.5cm的彩珠……6個
棉花……適量
25號繡線（與不織布同色）
※縫製的時候，除另有指定外，其餘均使用與不織
　布同色之單股繡線。

 作‧法

1 將兔子和青蛙布片各自拼縫在底層上，疊合前後兩片底層後，一邊縫合外緣、一邊塞入棉花。

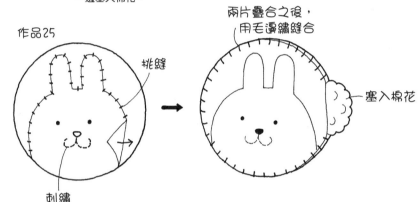

2 縫製作品25的蘋果。將皮繩縫好之後，縫在蘋果上。疊合兩片蘋果布片後，一邊縫合、一邊塞入棉花。

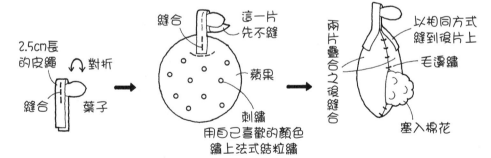

3 縫製作品24的皮球。將1、2、3疊在底層上，然後挑縫。疊合前後兩片皮球後，一邊縫合、一邊塞入棉花。在G和D皮球上，用法式結粒繡繡上圓點。

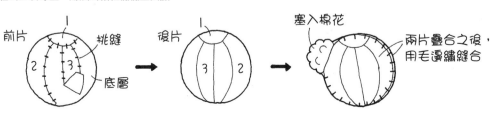

4 用針穿上繡線，由下往上縫上各組件。

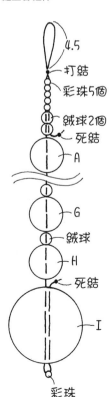

皮球的配色圖‧各2片

	1	2	3	底層
A	白色	藍色	粉紅色	薄荷綠
C	翡翠綠	天空藍	天空藍	淺粉紅
D	紫色	紫色	紫色	粉紅色
F	紫色	蛋黃色	蛋黃色	翡翠綠
G	天空藍	天空藍	天空藍	紫色
H	白色	翡翠綠	粉紅色	薄荷綠

作品24 底層

原寸紙型

底層
B（水藍色‧2片）
E（粉紅色‧2片）
I（橙色‧2片）

作品25

兔子（白色‧6片）

緞面繡
（褐色‧單股線）

回針繡
（褐色‧單股線）

底層
B（紫色‧2片）
E（水藍色‧2片）
I（藍色‧2片）

作品24

青蛙（黃綠色‧6片）

A（粉紅色‧2片）
C（深橙色‧2片）
D（蛋黃色‧2片）
F（深橙色‧2片）
G（黃綠色‧2片）
H（水藍色‧2片）

作品25

蘋果

葉子（翡翠綠‧3片）

大功告成

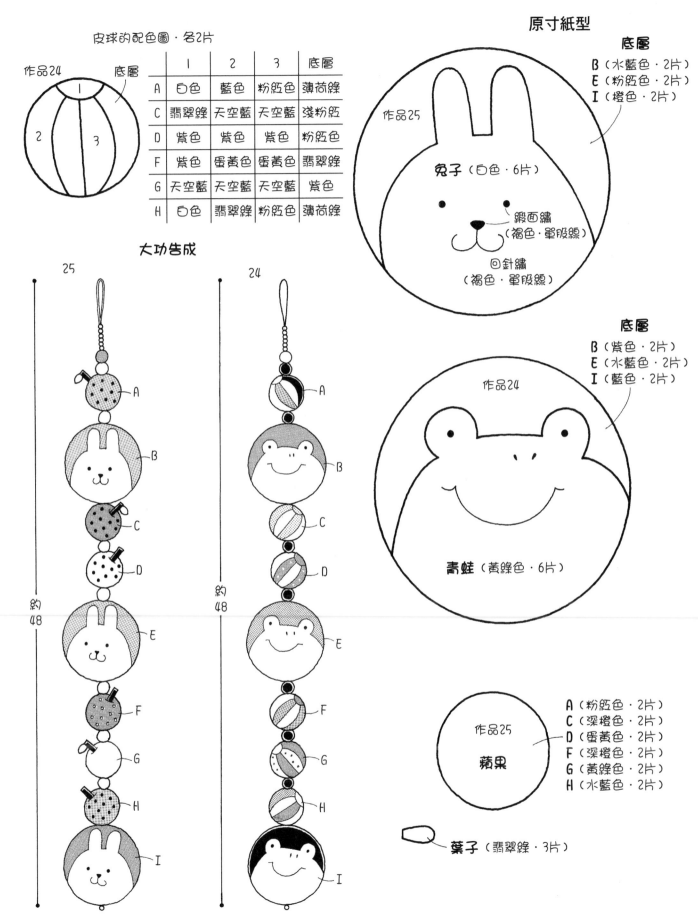

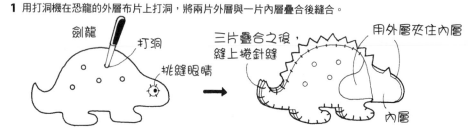

材料

不織布（褐色）……18cm×10cm
　　　（橙色）……15cm×10cm
　　　（白色）……5cm×5cm
　　　（黃綠色）……18cm×10cm
　　　（胭脂紅）……18cm×8cm
　　　（藍色）……18cm×8cm
　　　（深褐色）……5cm×6cm
　　　（綠色）……8cm×7cm
　　　（抹茶色）……10cm×6cm
　　　（黃色）……10cm×6cm
　　　（芥末黃）……10cm×8cm
樹枝……17cm長、10cm長各1根
麻繩、棉花……適量
25號繡線（與不織布同色）
※縫製的時候，除另有指定外，其餘均使
　用與不織布同色之單股繡線。

1 用打洞機在恐龍的外層布片上打洞，將兩片外層與一片內層疊合後縫合。

劍龍　打洞　挑縫眼睛　三片疊合之後，縫上捲針縫　用外層夾住內層　內層

暴龍　　板龍

2 製作樹木。先疊合兩片樹幹縫合，再用縫上葉脈的樹葉夾住樹幹，並且在內側挑縫。

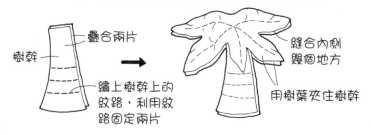

樹幹　疊合兩片　繡上樹幹上的紋路，利用紋路固定兩片　縫合內側幾個地方　用樹葉夾住樹幹

3 製作葉子。先縫上葉脈，將前後兩片疊合後，挑縫內側。一共製作兩片葉子。

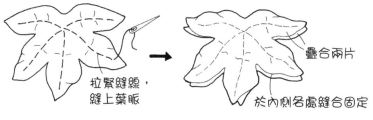

拉緊縫線，縫上葉脈　疊合兩片　於內側各處縫合固定

4 在各組件上縫上繡線。

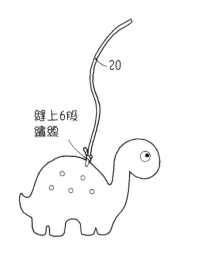

20　縫上6股繡線

5 將繡線綁在樹枝上，製作成活動雕塑。綁好之後，移動綁在樹枝上的繩結位置，將活動雕塑調整至平衡的狀態。

大功告成

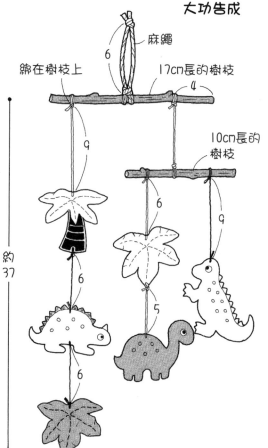

麻繩　綁在樹枝上　17cm長的樹枝　10cm長的樹枝　約37　6　4　9　6　5　9　6　6

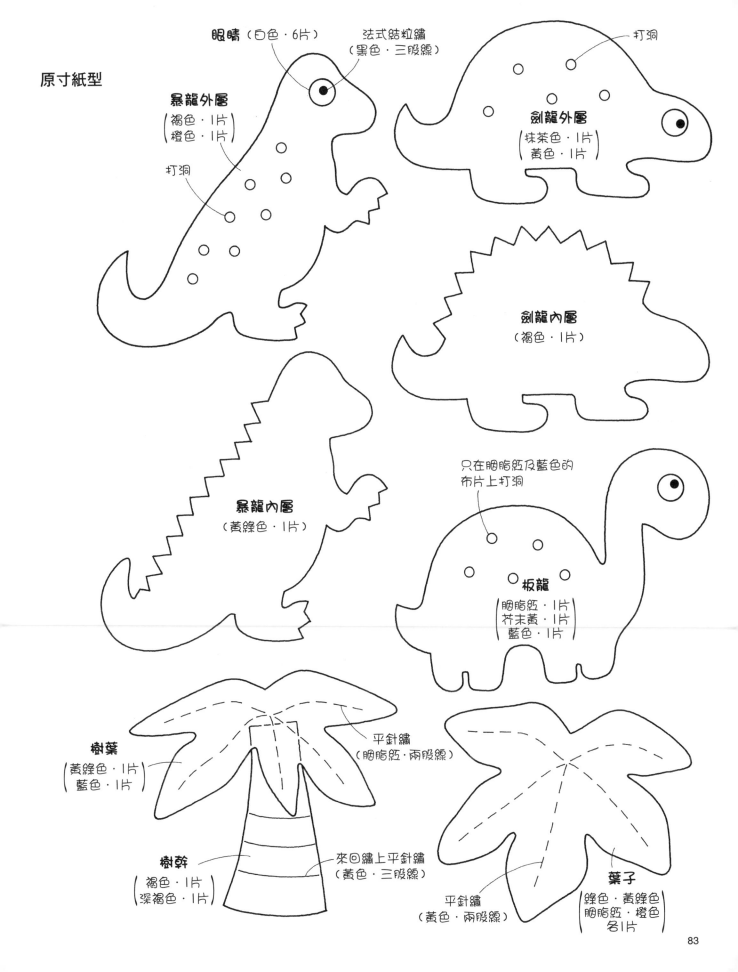

原寸紙型

眼睛（白色・6片）

法式結粒繡
（黑色・三股線）

暴龍外層
（褐色・1片）
（橙色・1片）

打洞

打洞

劍龍外層
（抹茶色・1片）
（黃色・1片）

劍龍內層
（褐色・1片）

暴龍內層
（黃綠色・1片）

只在胭脂紅及藍色的
布片上打洞

板龍
（胭脂紅・1片）
（芥末黃・1片）
（藍色・1片）

樹葉
（黃綠色・1片）
（藍色・1片）

平針繡
（胭脂紅・兩股線）

樹幹
（褐色・1片）
（深褐色・1片）

來回繡上平針繡
（黃色・三股線）

平針繡
（黃色・兩股線）

葉子
（綠色・黃綠色）
（胭脂紅・橙色）
各1片

83

第29頁 作品22
交通工具掛飾

材料

不織布（綠色）……20cm×13cm
　　（黃綠色）……7cm×5cm
　　（白色）……10cm×10cm
　　（芥末黃）……5cm×5cm
　　（深褐色）……5cm×5cm
　　（紅色）……8cm×10cm
　　（黑色）……8cm×5cm
　　（灰色）……5cm×5cm
　　（深灰色）……5cm×5cm
　　（黃色）……5cm×5cm
　　（褐色）……3cm×2cm
　　（藍色）……8cm×5cm
　　（水藍色）……12cm×8cm
　　（淺駝色）……2cm×3cm
30cm長的樹枝……1根
麻繩……80cm長
粗0.1cm的繩子……10cm長
　　　　　　（熱氣球的吊籃用）
粗0.1cm的繩子……30cm長（吊掛用）
棉花……適量
25號繡線（與不織布同色）
※縫製的時候，除另有指定外，其餘均
　使用與不織布同色之單股繡線。

作 法　　1 製作各組件。

2 將前後兩片熱氣球疊合後，一邊縫合、一邊塞入
　棉花，用繩子將熱氣球和吊籃連接在一起。

熱氣球　　1 貼上圖案，繡上花樣。

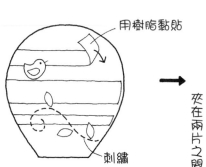

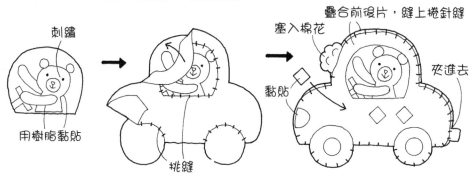

汽車　　把小熊拼縫在汽車上，然後縫上輪胎。將汽車的前
　　　　後片疊合後，一邊縫合、一邊塞入棉花。

船　　分別縫合煙與煙囪，並塞入棉花。縫合煙與煙囪後，縫到船身A上，塞入棉花。
　　接著再縫到船身B上，塞入棉花，最後黏上窗戶。

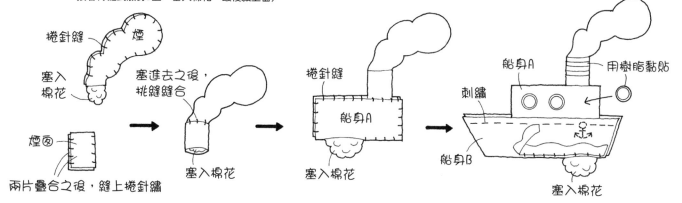

摩托車　　將摩托車前片上的各部分交疊縫合後，接著將摩托車前後片疊合，一邊縫合、一邊塞入棉花。

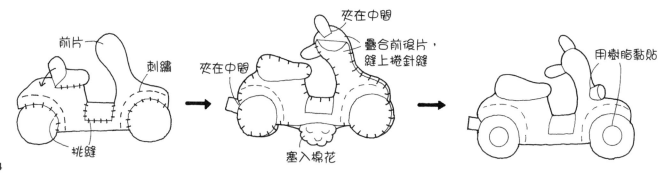

1 將繩子綁在樹枝上。

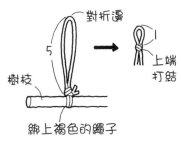

對折邊
上端打結
樹枝
綁上褐色的繩子

3 將縫好組件的麻繩綁在樹枝上。在雲朵上刺繡後，貼在樹枝上。

大功告成

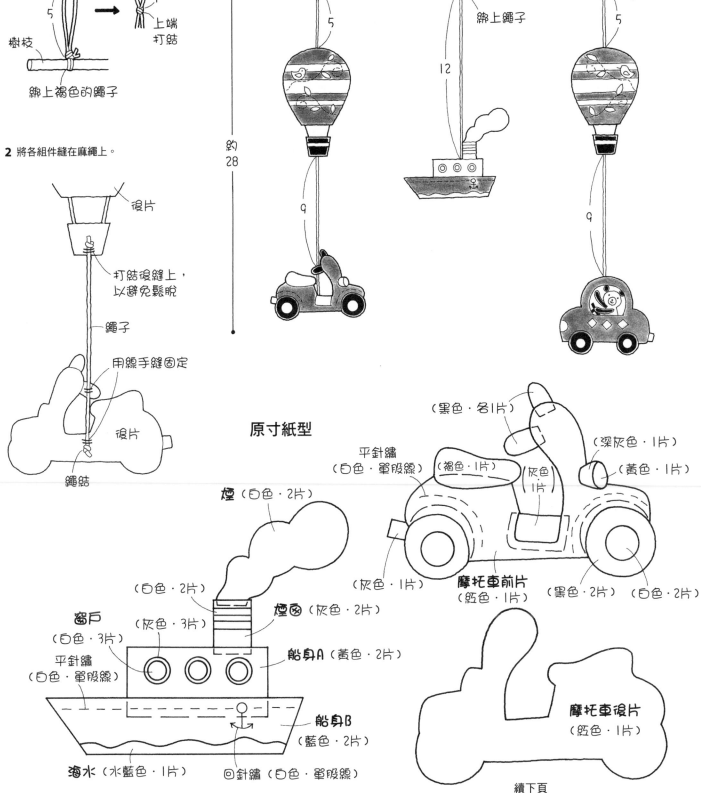

樹枝
黏貼雲朵
繩子
綁上繩子
約 28
5
12
9

2 將各組件縫在麻繩上。

後片
打結後縫上，以避免鬆脫
繩子
用線手縫固定
後片
繩結

原寸紙型

煙（白色・2片）

窗戶
（白色・3片）
平針繡
（白色・單股線）
（灰色・3片）
煙囪（灰色・2片）
（白色・2片）
船身A（黃色・2片）
船身B
（藍色・2片）
海水（水藍色・1片）
回針繡（白色・單股線）

（黑色・各1片）
平針繡
（白色・單股線）
（褐色・1片）
（深灰色・1片）
（黃色・1片）
（灰色・1片）
（灰色・1片）
摩托車前片
（粉色・1片）
（黑色・2片）
（白色・2片）

摩托車後片
（粉色・1片）

續下頁

原寸紙型

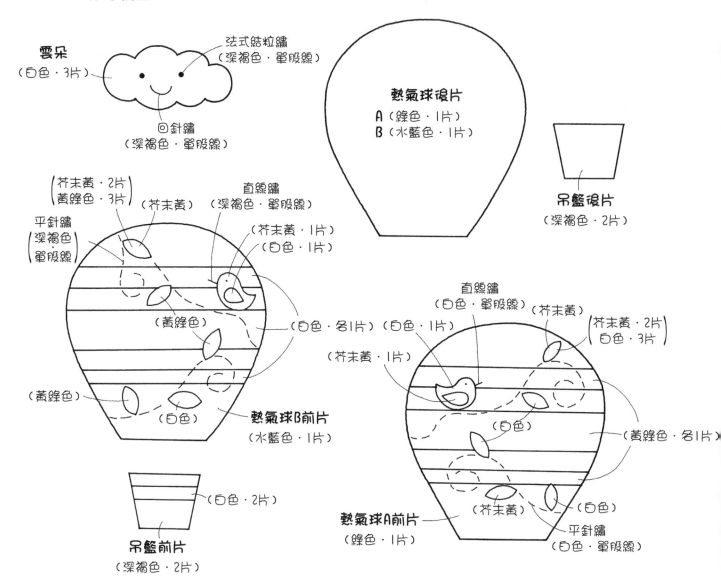

雲朵
（白色・3片）

法式結粒繡
（深褐色・單股線）

回針繡
（深褐色・單股線）

熱氣球後片
A（綠色・1片）
B（水藍色・1片）

吊籃後片
（深褐色・2片）

（芥末黃・2片）
（黃綠色・3片）

（芥末黃）

直線繡
（深褐色・單股線）

平針繡
（深褐色・單股線）

（芥末黃・1片）
（白色・1片）

（黃綠色）

（白色・各1片）　（白色・1片）

（黃綠色）

（白色）

熱氣球B前片
（水藍色・1片）

直線繡
（白色・單股線）　（芥末黃）

（芥末黃・2片）
（白色・3片）

（芥末黃・1片）

（白色）

（黃綠色・各1片）

（白色・2片）

吊籃前片
（深褐色・2片）

（芥末黃）　（白色）

熱氣球A前片
（綠色・1片）

平針繡
（白色・單股線）

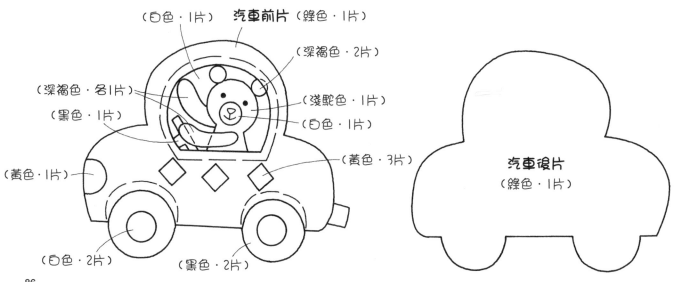

（白色・1片）　汽車前片（綠色・1片）

（深褐色・2片）

（深褐色・各1片）

（淺駝色・1片）

（黑色・1片）

（白色・1片）

（黃色・3片）

（黃色・1片）

（白色・2片）　（黑色・2片）

汽車後片
（綠色・1片）

第30頁 作品23 嬰兒床邊吊鈴

作 法 [1] 製作各組件。

材料

不織布（粉紅色）……20cm×15cm
　　　　（桃紅色）……12cm×5cm
　　　　（薄荷綠）……20cm×12cm
　　　　（綠色）……10cm×7cm
　　　　（白色）……3cm×5cm
　　　　（蛋黃色）……20cm×10cm
　　　　（黃色）……10cm×5cm
2cm寬的蕾絲……1m長
直徑2.6cm的鈴鐺……7個
直徑2cm的絨球（白色）……9個
　　　　　　　（粉紅色）……6個
棉花……適量
25號繡線（與不織布同色）
※縫製的時候，除另有指定外，其餘均使
　用與不織布同色之單股繡線。

圓球 疊合兩片圓球布片，縫到一半時塞入鈴鐺，然後繼續縫完一整圈。

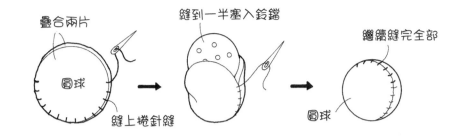

疊合兩片　縫到一半塞入鈴鐺　繼續縫完全部
圓球　縫上捲針縫　圓球

小熊 1 疊上並縫合耳朵前片上的布片。縫好後將耳朵的前後片疊合，一邊縫合、一邊塞入棉花。

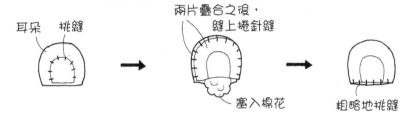

耳朵　挑縫　兩片疊合之後，縫上捲針縫　塞入棉花　粗略地挑縫

2 在小熊前片繡上表情。

3 疊合兩片小熊布片，將耳朵夾在兩片中間，一邊縫合、一邊塞入棉花。

小兔子 以和小熊相同的縫法縫製。

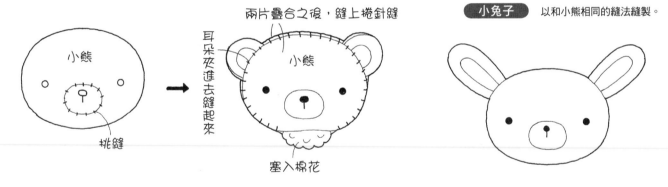

小熊　挑縫　兩片疊合之後，縫上捲針縫　小熊　耳朵夾進去縫起來　塞入棉花

小雞

在小雞的布片上刺繡後，疊合前後兩片，將嘴巴夾進前後兩片之間縫合，並塞入棉花。

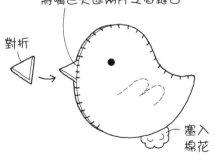

對折　將嘴巴夾進兩片之間縫合　塞入棉花

[2] **縫上各組件。**

在小熊、小兔子和小雞下方分別縫上絨球和圓球。並另外製作只有絨球和圓球的組件。

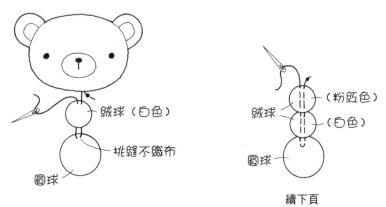

絨球（白色）　挑縫不織布　圓球

絨球　（粉紅色）　（白色）　圓球

續下頁

3 縫上各組件。

將蕾絲的兩端往內折之後縫合。將圓球和小動物們牢牢地縫在蕾絲上。

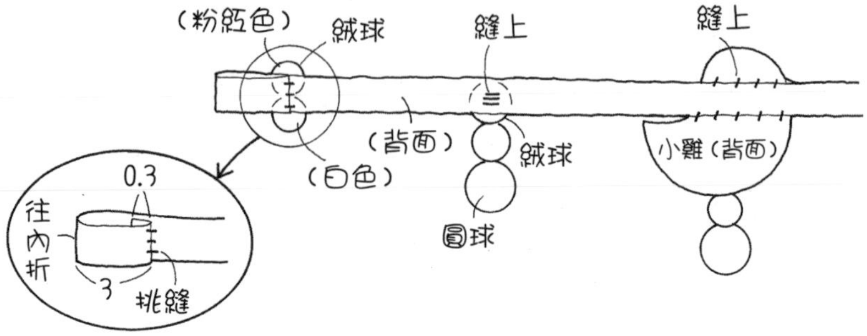

(粉紅色)
絨球
(白色)
(背面)
縫上
絨球
圓球
縫上
小雞(背面)
0.3
往內折
3
挑縫

大功告成

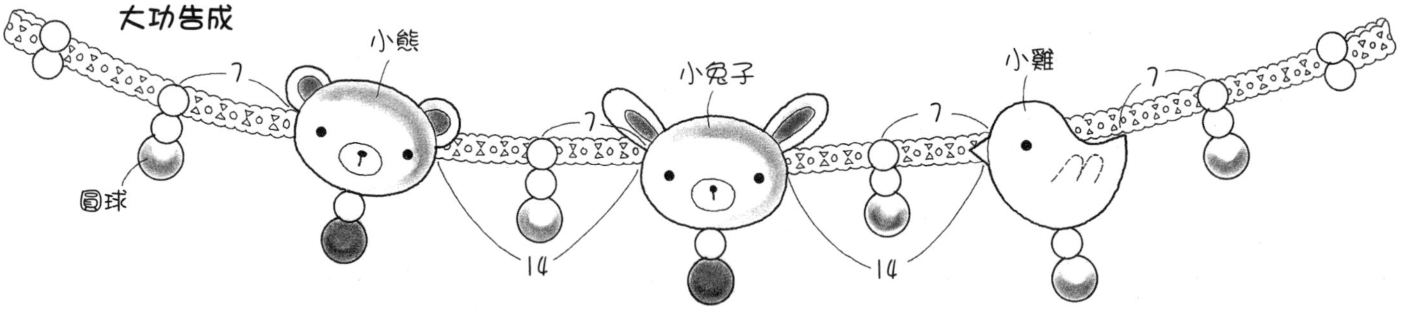

小熊
小兔子
小雞
7
7
7
7
圓球
14
14

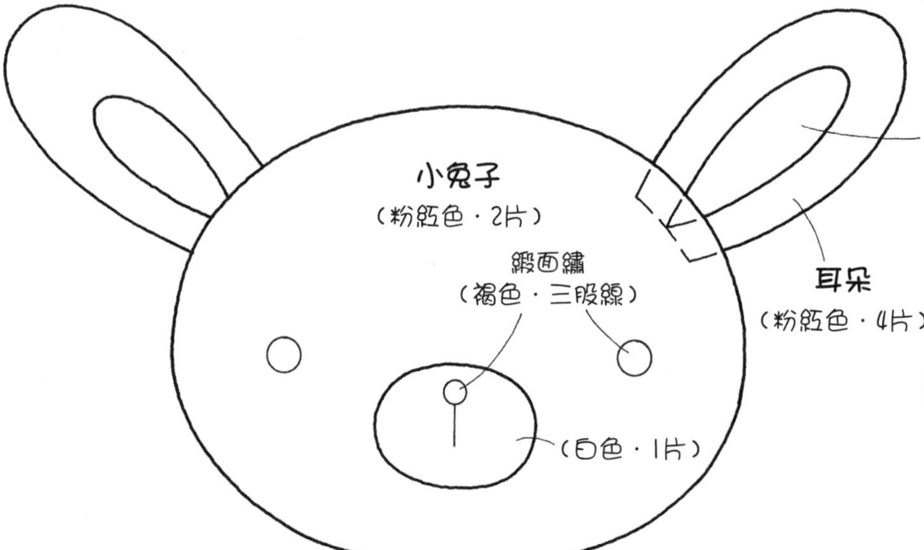

小兔子
(粉紅色・2片)
緞面繡
(褐色・三股線)
(白色・1片)
(桃紅色・2片)
耳朵
(粉紅色・4片)

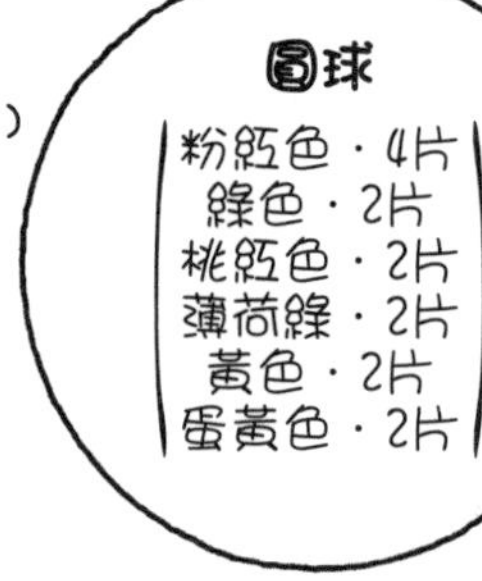

圓球
粉紅色・4片
綠色・2片
桃紅色・2片
薄荷綠・2片
黃色・2片
蛋黃色・2片

原寸紙型

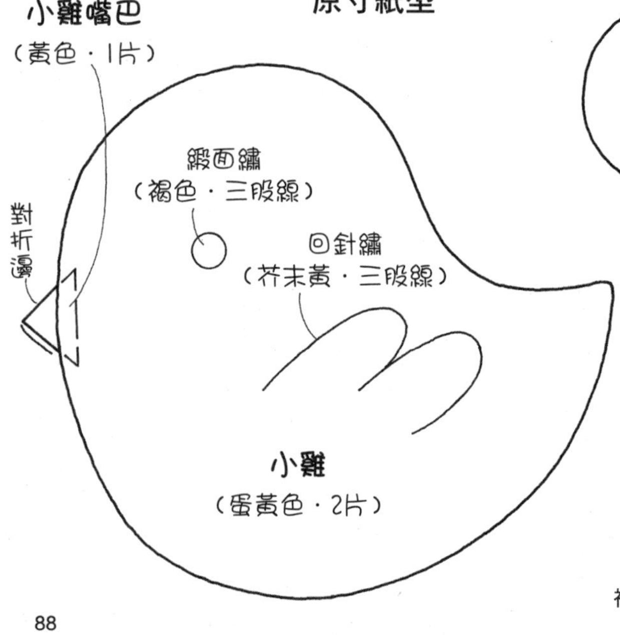

小雞嘴巴
(黃色・1片)
對折邊
緞面繡
(褐色・三股線)
回針繡
(芥末黃・三股線)
小雞
(蛋黃色・2片)

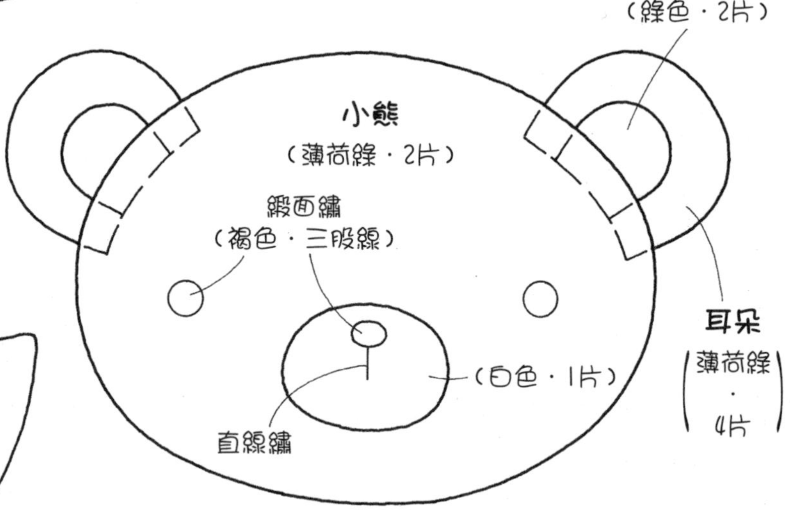

(綠色・2片)
小熊
(薄荷綠・2片)
緞面繡
(褐色・三股線)
(白色・1片)
直線繡
耳朵
薄荷綠・4片

初版一刷　2012年9月